U0174840

作为自我的稻米

Rise as Self

日本人穿越时间的身份认同

[美] 大贯惠美子 著
石峰 译

商务印书馆
创于1897 The Commercial Press

Emiko Ohnuki-Tierneyane

RICE AS SELF

Japanese identities through time

本书根据普林斯顿大学出版社 1993 年版译出

中文版序

非常荣幸和高兴，拙著《作为自我的稻米》被译成了中文。衷心感谢石峰教授对我的作品感兴趣并花费时间进行了翻译。

也许没有多少人会反对，提到食物时，中国人是世界上最优秀的民族。中国人最大限度地利用自然环境，并巧妙地将它们转换为美味佳肴，例如燕窝，这一点没有其他民族能与之相比。另外，中国人还把食物消费放在社交的中心——不论在亲属、业务伙伴还是陌生人当中，他们都会设宴请客，目的是加强和巩固人际关系。

如果说饮食占据了中国文化和社会的中心，那么稻米就是其中的主要食物。倘若我所知无误，中国人所说的"吃饭"也意味着一般意义上的吃，因为"饭"不但指煮熟的稻米，也代表一般意义上的食物——这一点与日本人非常相似。因此，我迫切希望从中国读者那里获得反馈，以了解他们对中国人和日本人对待稻米的相似性和差异性的解释——不仅仅作为食物，而且作为文学、诗歌和各种艺术表达的对象，以及在各种社会行为中扮演的角色。

对中国人和日本人如何看待稻米进行比较，可以为我们提供一个重要的视窗去窥究两国人民所拥有的巨大共同点和不同点。我希望日本文化、社会和历史中关于稻米的知识，能够促成中日人民之间的比较研究。

因此，我论稻米的著作译成中文具有特殊的重要意义。

大贯惠美子

献给已故的藤田老师和甲南小学

目 录

致 谢

ix

1989—1990年我在行为高等研究中心工作时开始了此项研究。全职研究的那段时光确实恬静。我要特别感谢中心和国家科学基金（编号BNS87-00864），以及威斯康星大学麦迪逊校区研究生院的支持。没有来自威廉·威拉斯（William F. Vilas）信托的威拉斯研究教授基金的慷慨支持，本项研究是不可能完成的。文字不能表达我对信托基金、威斯康星大学麦迪逊校区研究生院的感谢。

宫田登（Miyata Noburu）不仅向我提供信息，而且还耐心听取我的观点，并提出了宝贵的建议和批评。凡斯纳（Jan Vansina）阅读了早期的原稿，几乎逐页地提出了批评和建议。他对自己的作品要求细致的历史与民族志资料，但对我的诠释鼓励有加。唐纳德·基恩（Donald Keen）对我论天皇的部分作了大量的批评，我在修改关于皇室制度部分时，他的建议与批评特别有益。柴尔德（Chester S. Chard）引导我进入日本考古学，使我较轻松地处理史前史。其他许多人对本书都作出了贡献，这里仅提几位：约瑟夫·纳吉（Joseph Nagy）、马修·克莱默（Mathew Kramer）、喜志麻孝子（Kishima Takako），以及罗伯特·博克（Robert M. Bock）、斯蒂芬·古德曼（Stephen Gudeman）、劳伦斯·沙利文（Lawrence Sullivan）和贤治·蒂尔尼（Kenji Tierney）。

本书完成后，我有幸被邀请去演讲该研究资料的各个部分。在此没有足够的篇幅去感谢每一个给我重要反馈的邀请方：明尼苏达大学人类学系（1992）、哈佛大学世界宗教中心（1991）、夏威夷东西方中心（1991）、伦敦经济学院社会人类学系（1990）、加州大学伯克利分校日本研究中心（1989）、斯坦福大学东亚计划（1989）。

我必须对巴黎的同事表达特别的感谢。1992 年 4 月，我受邀参加在巴黎高等社会科学院举办的讨论班所接受到的反馈，对我离开法国后修订整个原稿有相当的价值。我热忱地感谢奥热（Marc Augé）的邀请以及他与我充满活力的讨论。正是由于他对“空间”（*l’espace*）的重视，使我认识到稻田的巨大象征意义。还要感谢与弗朗索瓦·H–奥热（Françoise Héritier-Augé）讨论食物与身体，与让·巴赞（Jean Bazin）讨论神–王，与莫里斯·戈德里亚（Maurice Godelier）讨论作为货币的稻米，与克劳德·梅拉索（Claude Meillasoux）讨论食物与献祭。

与布迪厄（Pierre Bourdieu）进行长时间的引人入胜的讨论，让我重新修订了关于日本境内外食物与权力不平等的关系，使这个问题更加清晰，促使我在第八章与第九章作了进一步的讨论。

感谢普林斯顿大学出版社两位匿名审读人。其中一位特别赞同他所阅读部分的观点。尽管事后我发现原稿相当的不成熟，他提出的建议和他的宽容，促使我决定完善它。

我特别感谢玛丽·马雷尔（Mary Murrell），其职业素养连同温暖的鼓励，使本书的出版过程格外愉快。从法国回来后，我希望稍微修改一下原稿，她的宽宏大量和耐心允许我再次作了修订。也要感谢沃尔特·利平科特（Walter Lippincott），他对我的工作以及十年来前后四本书给予了一贯的支持。自从普林斯顿大学出版社出版了我上一本书后，珍妮特·斯特恩（Janet Stern）就持续着她的友谊和职业指导，这对我与普林斯顿大学出版社保持合作至关重要。我热忱地感谢她。

有如此多慷慨的同事，我感到极大的幸运。特别感谢他们温暖与激励的同事关系。本书定有不当之处，不管怎样，文责自负。

谨以此书献给藤田晃先生（Mr. Fujita Akira），也就是藤田老师。“二战”快结束时，日本的学生被重新安置到乡村。我的学校甲南（Kōnan）小学，把学生安置在一个偏僻山区的禅寺。随着时间的推移，我们的饮食糟糕得只能喝米粥，如此稀淡以致能数清米粒，几粒红豆和两三块带盐的小土豆被用来增加食物的分量。早上正式诵完佛经后，我们回到宽敞的公共房间继续诵经，虽然用的是诵经的音调，但词已改为“我们饿了！我们饿了！”不久我咽不下土豆只能选择饥饿。藤田老师回家从他的农场带来一些他家私人的稻米供我们吃。战争结束后，我们回到了神户，发现学校已完全被破坏了。尽管在轰炸中学校还是必须继续办下去。一天他带我们去看电影，是关于居里夫人生活的故事。居里夫人总是穿着黑色衣服。她对科学的非凡热情给我留下了深刻印象，使我不能自已。那晚我久久不能入睡。翌日我向藤田老师表明自己想做居里夫人，并宣布了我的科学实验计划。藤田

xi

老师的专长是科学，他非常兴奋。于是每天放学后我们俩就开始那些注定倒霉的实验。那时尽管我没有真正认识到，但事后我感到非常惊讶—— 1946 年很少有日本人，特别是男人，把一个女孩子的职业抱负当回事。为了他向我提供的稻米，更为了他对我研究的鼓励，谨以此书作为对他的记忆。同时也让我表达对甲南小学的感谢，在堤恒也（Tsutsumi Tsuneya）校长富有魅力的领导下，学校提供了自由、开放和激励的环境，我第一次感到学习的满足和快乐。

1992 年 7 月 9 日

于麦迪逊

第一章　食物作为自我的隐喻：历史人类学的运用

3

民族之间通过贸易、战争、宗教等产生密集的互动，在世界任何地方都是一个熟悉的历史图景。人类学家逐渐意识到在历史过程中，很少有不跟其他民族发生关系，以及不跟其他民族进行货物交换的民族。直接或间接通过文化制品和制度的交换而与其他文化相遇，常常促使人们思考在与其他民族发生关系时自己是谁。

食物在人们思考他们自己与他者时扮演了一个积极的角色。佩里（Parry 1985: 613）对于印度文化记述道："人如其食。食物不仅仅创造了他的身体物质，而且还造就了他的道德性情。"布罗代尔（Braudel 1973: 66）关于欧洲也有相似的言论。"告诉我你吃什么，我就会判断你是谁"，这与德国谚语相似，"人如其食"（*Der Mensch ist was er isst*）。食物不仅表达了人们怎样生活，而且还表达了当自己与他者发生关系时怎样思考自己。一个民族的烹调方法，或者一种特别的食物，常常标记着集体自我与他者之间的边界，例如作为区别他者的根据。尽管日本人十分迷恋生食，阿伊努人（Ainu）却对自己花长时间煮熟食物的烹调方法感到特别骄傲，并以此作为“文明”之道与“野蛮”的吃生食的邻居日本人与奇利雅克人（Gilyaks）区别开来。反过来，许多日本人一直把自己与邻国的韩国人和中国人区分开来，因为后两者食用大蒜，而大蒜通常在和食（*washoku*）中不会使用。人们常常迷恋自己的烹饪，而对其他民族的饮食方式感到厌恶，包括他们的餐桌礼仪（Ohnuki-Tierney 1990a）。

当今世界许多城市地区，民族食物依然非常普遍，同时食物也已经真正国际化了。在英国，日常烹饪所包括的食物很多都是从前殖民地地区——非洲、东西印度、巴基斯坦、中国（香港）——引进的，以及“意大利”比萨、美国汉堡和“美国牛排”。在南伦敦，我有些吃惊又饶有趣味地看到“鱼和炸薯条”被广告宣传为“传统”食品。4在日本，甚至在最近才被引进的快餐如麦当劳、艾德熊（A & W）和肯德基炸鸡之前，已有大量外国食物被日本人接受，有的已成为日本烹饪的一部分了，如中国的拉面（*rāmen*）和印度的咖喱菜。

在世界许多地区，当烹饪国际化后，一些民族节日和饮食方式开始“复活”。这些“民族复活”通常是一种“传统的发明”（Hobsbawm and Ranger 1986）。[1]回顾发明实践，烹饪也不例外，被定义为“真正的传统”，而事实上它们仅仅是后来的发明，就像现在已知的苏格兰短裙或“苏格兰高地传统”（Trevor-Roper 1983）。在当

1 这个短语经常被使用，太表面化了，已丧失了最初的解释力。“发明”所涉及的事物具有历史先例的基础，而不是凭空而出。

代日本，传统和食开始出现惊人的回潮，主要因为日本在全球地缘政治的冲击下，正在进行前所未有的转变。同样，“苏格兰高地文化”也是在与英格兰合并时被创造的。在这两个案例中，这些“发明”与人们重新界定他们身份的迫切需要有关。世界范围的“族性”或“文化”的复活必须被看作是自我的呈现与再呈现，食物日益成为“自我的隐喻”。

在自我与他者的区隔与表征的辩证过程中，人们会选择重要的食物与烹饪作为隐喻。一些主食（staple foods）往往在其中扮演极其重要的角色，例如，吃麦的北印度人与吃米的南印度人相对；过去几个世纪吃黑面包的欧洲农民与吃白面包的上层阶级相对；吃米的亚洲人与吃面包的欧洲人相对。

为了探讨一个民族怎样以一种主要食物的隐喻来思考自己与他者的关系，我选择稻米之于日本人作为一个个案。作为一个民族，当日本人遭遇不同的他者时——中国人与西方人，日本人通过使用稻米作为自己的隐喻来反复地重构自我。除了作为食物的稻米，稻田在自我认同与日本人的身份问题上也扮演了极其重要的角色。因此，稻米的象征意义分为两方面：一方面，“作为我们食物的稻米”，另一方面，“作为我们土地的稻田”，两者相互支持。

当我开始这项研究计划时，根据战后的研究成果，稻米自从引进日本后成为日本人的“主食”——数量上特别重要的食物——这个观念必须被质疑。这个观念在战前被认为是一个不争的历史事实，但战后的学术研究所揭示的证据表明，稻米在数量上对许多日本人来说并不总是很重要（第三章）。尽管如此，许多学者认为稻米对日本人来说仍然具有重要的象征意义。在稻米的多重意义中，作为自我的隐

5 喻最重要。换言之，稻米之所以成为日本人的支配隐喻，不仅仅因为稻米作为食物能填饱肚子。

被应用于日常生活话语中的隐喻，或如拉科夫和约翰逊（Lakoff and Johnson 1980）所言“我们赖以生活的隐喻”，在人们的意识里并不总是很清楚。例如，就像我稍后要解释的，作为隐喻的“面包”有多层意义——作为一般的食物或指基督的身体。但是，人们通常不清楚它的多种含义及其相互关系。

这里我与已故的象征人类学的主要代表人物特纳（V. Turner）的看法有些不同，他的“解释的意义”（exegetical meaning）（1967: 50）与“支配符号”（dominant symbols）（1967: 20, 30—33）等概念强调使用符号的人与解释意义的人是没有区别的。根据我自己对阿伊努人与日本人的研究经验，他们是遵从习俗，但未必意识到其行为及符号使用的意义。语词与非语词中所呈现的隐喻及其意义通常被解释它的人提炼出来，比如人类学家。费尔南德斯（Fernandez 1990）告诉我们，西班牙阿斯图里亚斯（Asturian）山区一个村庄，体现在一所房屋的钥匙的意义如何通过某个事件在个体意识中逐渐显现，以及这些深刻的意义如何扎根在广泛的社会文化情景和长时段的历史过程中。民间日常生活中隐喻的运用与文学家及其他文化精英的运用有显著的差异，这些精英的才智在于他们能够创造一个全新的隐喻，并且呼吁关注在隐喻与所指之间惊人的相似性（详见 Ohnuki-Tierney 1990c）。

支配的重要性体现在两方面：其一，它频繁发生，或它的呈现，其自身或其图像表征，是相当显著的；其二，它作为一个“窗口”显示了文化的重要内容。在一种文化中总是存在大量的支配符号。例如，在日本文化中有山、海、竹、牛等等以及其他无数的支配符号，每一个都揭示了文化与社会的意义。

本书的意图是为了展示日本人的自我概念在历史上遭遇不同的他者时如何呈现不同的轮廓，以及稻米与稻田在这个过程中如何作为思考的载体——尽管这在人们的意识中并不总是很清楚。

虽然很容易理解在遭遇其他民族时人们如何概念化自己作为集体的自我，但要理解一个特别的表征样式如何取得支配地位却相当费劲，因为在任何社会群体中都会存在大量竞争的表征样式和多种声音。事实上，随着人类学家敏锐地意识到任何社会群体内部都存在多样性，竞争这个词现在经常出现在书和文章的标题中。就如我早期作品（Ohnuki-Tierney 1987）所揭示的，日本文化和社会同样存在异质性。对稻米作为日本人自我隐喻的研究涉及一个问题，即稻米是怎样成为日本的支配象征的，因为事实上有大量的日本人从事稻作农业之外的职业，并且，如上所述，稻米在数量上对许多日本人来说也不是很重要。

6

在宽泛的框架下，一方面，是关于一个强有力的自我表征的发展；另一方面，是关于在一个文化中如何调和支配象征与多样性的关系（第六章）。某种表征如何成为一种策略，它如何获得力量来自然化它的意义？我所使用的自然化（*naturalize*）与巴特（Barthes）、布迪厄（Bourdieu）和福柯（Foucault）一样。我的自然化（*naturalization*）是指在历史过程中文化决定的价值与规范获得了一种使人们相信它是“自然”的而不是随意的地位（参见 Bourdieu 1977: 164）。例如，在世界许多文化中，甚至今天，月经血被认为是“自然”的污染和肮脏——这个观念常常被用作禁止妇女参加各种宗教活动的借口。

很容易得出这样的结论：某些强有力的个体建立了某种意义结构，其余的人盲目接受。一些概念工具如“虚假意识”、“神秘化”、“霸权”，甚至“自然化”，其表面上的可操作性常常导致研究者避开一些问题，并忽略文化的特殊意义和特定的历史过程。

本书所特别提出的问题不能通过共时性地检验日本文化与社会得到答案。因此，我通过历时性来检验，其中被卷入文化实践和制度中的稻米与稻田扮演了重要角色。当人类学被历史化（historicizing anthropology）[2]后，人们可以选择不同的时间段：长时段、中时段（如一个世纪）和短时段。年鉴学派的布罗代尔（Braudel [1958] 1980）最早提出了三重图式——长时段、合然*（conjuncture）和事件——其中他特别强调了生态与地理因素。[3]每个都有其有利与不利

---

2 虽然最近历史与人类学的复交是一个显著现象，但也是自然的，通过历史学家研究时间的“他者”和人类学家研究空间的“他者”（参见 Cohn 1980; 1981; Lèvi-Strauss [1958] 1967: 17; 1983: 36），两个学科共享“自我的区隔”（Braudel [1958] 1980: 37）。

* 该词采用了张伟伟的译法。conjuncture 具有“合到一起产生的结果”、“共同作用的结果”、或“相互作用的结果”之类的基本含义。鉴于汉语中没有能够表达该意的现成词语，张伟伟将之译为“合然”，即“合到一起而如此”之意。参见张伟伟《英文学术术语翻译小悟——从“contingence”和“conjuncture”汉译谈起》，http://kbs.cnki.net/。——译注

3 这个图式和三个研究进路，布罗代尔在量上作了限定，体现了他关于历史的复杂观念，随后在法国年鉴学派内外引发了关于历史编纂方面的争论。作为一种比长时段稍短的历史进程的研究，合然也使国际和洲际交往的历史汇聚成为必需，影响了所有被卷入地区的历史发展。他和他的年轻同事们对 16 世纪作了大体上的推测，涉及世界广大地区，不仅有“威尼斯或里斯本，安特卫普或塞维利亚，里昂或米兰，也有波罗的海复杂的经济，地中海的古老节奏，大西洋和伊比利亚人控制的太平洋的主要货币，中国式帆船，还有一些现在被我们忽略的东西”（Braudel 1980: 13—14; 也见 Braudel [1949] 1972: 462—642）。

之处。历史人类学研究最常用的方法是选择中时段或短时段。他们能够检验生动的文化动态，其中行动和个体能动者的作用能够被识别。有的还可以检验与他人有利益冲突的能动者的角色，使用过去为现在与未来服务，以及能动者与文化力量之间各种“动态”样貌（对历史人类学中的一些问题的评论，参见 Moore 1986; Ohnuki-Tierney 1990b）。 7

尽管布罗代尔的长时段研究未能完全成功地扩展到心态研究（参见 Chartier 1982; Hunt 1986; Bailey 1985; Santamaria and Bailey 1981），虽然我不特别强调生态因素，但我会选择长时段来检验日本文化与社会，因为它非常有益。利科（Ricoeur 1980: 11）曾经指出“历史被短时间、急速和摇摆动荡所塑造”“在人文世界是相当丰富的”，尽管“最危险”（也见 Furet 1972, 54—55; Le Goff 1972）。我不会把短时段的摇摆看作是危险，除非它被预先看作持久的变迁，值得注意的是利科对长时段持久的变迁与短时段的摇摆所作的区别，后者对文化的冲击往往是表面的和暂时的。更重要的是，长时段的研究能够检验某个特别社会的生活进程（life-course），而不是不同发展时间段的快照，因此使研究者能够直面“变化再大也还是同样的东西”（*plus ça change, plus c'est la même chose*）的问题。变迁与连续，或结构与转变问题，已经被许多通过长时段检验文化的学者令人信服地探讨过，例如，张光直（Chang 1977）论中国食物、坦鲍亚（Tambiah 1976）论泰国的星系政体（galactic polity）、华琛与罗友枝（Watson、Rawski 1977）论中国的丧葬仪式。

本书采用长时段视角，目标不是详尽无遗地使用历史与民族志资料，也不是论述个体行动本身。我主要关心的是日本各社会群体或作为整体的日本人与其他民族的关系。我的研究成果是建立在宽泛和长时段视野的优势之上的。

近来人类学强调个体[4]，而以负面的态度抛弃了大的社会群体。如果研究的目的是群体内部的动态，个体作为主体或者作为能动者，就可以成为重要的焦点。但是不能导致总体上放弃普遍性，因为个体不能脱离社会文化情景。有时那些避开普遍性的学者认为使用像“日本人”这样的词是一种“总体化”的过失。但是，普遍性不能完全避免。即使有人用“许多”、“大多数”、“一些”、“少数”甚至“73.2%”来修饰“日本人”，这些形容词仅仅增加了数量特性的错觉。我相信读者会运用常识来理解“日本人”（the Japanese）并不

4　这个强调对于僵硬的结构主义来说是有益的对照。这种文化研究的一些极端形式已创造了一个危险的脱离其社会文化和历史背景的个体。鼓吹中层研究以及对乞力马扎罗“习惯”法一个世纪的详尽研究，莫尔（Moore 1986: 322）指出“个体中心变迁模式”的“严重缺点”，在其中“外在背景被完全忽略，行动者好像能够自己决定自己的命运。”就如奥特纳（Ortner 1989: 11—18）极具个性的简洁表达方式所指出的，结构或制度与个体和其行动是不一致的。事实上，对话理论和多声部理论（Bakhtin 1981）或实践（Bourdieu 1977）的原初定义——对最近学术进程的两个主要影响——深深植根在这些学者的知识和政治思想中，其把个体放在社会权力不平等的背景中来看待。

我在这里要指出学者们使用个体（individual）、行动者（actor）和能动者（agent）的巨大差异。在回应对他的概念的误解时，布迪厄（Bourdieu 1990: 9—17）强调他的关怀不是主体而是能动者（agent），以及他的目标是“重新导入被列维-斯特劳斯和结构主义者——除了阿尔都塞——废止的看作仅仅是结构副现象的能动者”。同样，戈德里亚（Godelier 出版中）强调个体和社会的区别以及个体力量的限度：“社会不是个体，文化制度如同活语言；它们不是被任何个人发明的。不是某人发明了汉语或芬兰语。”社会或文化不能化约为一个社会各成员的组合。不能放弃或者个体或者社会成员或者文化结构 / 制度，不管怎样定义它们。每一个的相对重要性取决于各自计划的目的。

意味着"每一个日本人"（every Japanese）。我始终粗略地使用"日本"与"日本人"这两个词，并不认为日本作为一个国家，日本人作为一个紧密的社会群体，自始至终存在于整个历史过程中——就如安德森（B. Anderson 1991）指出的，一个民族国家的诞生是很难精确定位的。[5] 8

遵循"当地人"的习惯，我使用"西方"与"西方人"这两个术语，不仅仅因为没有更好的词，也因为日本人通常使用"外人"（*gaijin*）来指称西方人，特别是美国人和西欧人，包括法国人、德国人与英国人，尽管他们偶尔也用"西洋人"（*seiyōjin*）。[6]

历史学家与人类学家不再把社会或文化看作是轮廓清晰的实体，也不认为它们是一些社会文化孤岛。就非全部的历史变迁而言，大多数历史变迁是内部发展与外部力量的辩证过程。与社会相反，文化从来没有被限定（Leach 1965: 282; 1982: 41—43）。不管变迁的动因（agent）是资本主义的发展，还是世界范围的贸易增长，抑或是宗教的传布，大多数历史变迁都有合然的故事，这在布罗代尔原创的论述16世纪欧洲的著作（见第10页注释2）与萨林斯（Sahlins）关于夏威夷的论述中都有清楚的表达（1985; 1988）。当遭遇他者时，在这些合然中，人们被迫重新界定自我的概念。这是因为在任何文化中，自我总是与他者被辩证地定义，不管这个他者是一个给定的社会情景中的其他个体，抑或是其他民族（第七章）。

5　我不赞同人类学家把涂尔干的"社会"概念附加在其他民族身上。

6　奥热（Augé 1982: 10—11）和科恩（Cohn 1980: 211）都指出非西方（non-Western）这个词界定了作为剩余范畴的世界其他地区，而西方的（Western）则把具有不同传统的文化归结到一个总的范畴里，就如东方（Oriental）和亚洲（Asian）。

与关于日本作为一个岛国孤居在世界东北角的成见相反，居住在群岛上的民族一直都与其他民族发生交往。作为日本人自我的隐喻，当日本人与世界其他地方互动时，稻米不可避免地被卷入。具有讽刺意味的是，日本人所选择的作为自我隐喻的稻米和稻田的时间，正是稻作农业从亚洲大陆引进的时间。这个事实雄辩地说明了日本人的自我是怎样从与他者相关的话语中产生的。从此，稻米和稻田就亲密而持久地出现在自我和他者的话语中。与中国人和与西方人合然的故事，就是日本人的短粒米（short-grain rice）相对于中国人的长粒米（long-grain rice）、日本人的米相对于西方人的肉、国内的短粒米相对于外国的短粒米的故事（第七章）。因此，本书是关于“作为自我的稻米”。

在下面的章节中，我将展示在整个日本历史过程中稻米的重要象征意义已深深根植在精英与民众的宇宙观中：作为灵魂的稻米，作为神的稻米，最后作为自我的稻米。在古代日本，人类的生殖与农业生产是等义的；性交与在阳光下生长是同一个词。此外，仪式与政体是同义的。收获仪式在民间和宫廷都是一个主要的文化制度，这些制度建构与再建构了稻米的重要性。农业仪式完成了宇宙大地礼物交换的循环，在这个循环中新米被返回到给予种子的神的手中。因为稻米体现为一种灵魂，收获仪式是庆祝宇宙通过灵魂交换后得到更新，作为自我物化的稻米，也有可能象征精子（种子）（第四、八章）。

这些仪式也体现了稻米最重要的社会角色——通过分享食物形成共餐（commensality），表现在宇宙层面的神与人（第四章）以及民俗层面（第六章）。事实上，稻米的象征力量主要来源于日常生活中社会群体成员对稻米的分享及其话语。共餐无处不是一个重要的文化制度，不论是家庭的餐桌，还是剑桥或牛津的学院，人们一起吃从而成为与“他们”相对的“我们”，因此分享的食物成为社会群体的隐喻。

日本宇宙观中稻米的中心性和稻米作为“干净钱”（pure money）与其美学位置有关（第五章）。本项研究的副产品之一，是对很多关于“资产阶级思想”（*la pensée bourgeoise*）假设的批评，即认为食物是为了生存，钱是资本主义拜物教，以及财富是辛勤工作的结果，等等。在本书中我证明了稻米可以作为干净的甚至是神圣的交换媒介。与对隐藏在日本经济奇迹背后的工作狂的想象相反，一种观点认为，在日本文化中，财富是神的礼物而不是流汗的结果。“经济人”理性选择模式对理解日本人视稻米作为财富的重要性是不恰当的。

只有在日本人关于稻米的象征-文化意义得到认识后，一些当代现象才能得到理解：后工业时代，日本人强烈地抵制美国加州稻米的进口。经济上说，加州稻米的进口非常好理解，因为比国内的稻米便宜而且也很相似。而且，今天日本人用在稻米上的经费总量太少，不会构成任何问题。甚至那些不满于税收被用来补贴稻米农场的城里人，也反对稻米进口。

就像稻米作为食物非常重要，稻田也是重要的自我隐喻。在版画、油画和当代旅游公司为吸引城里人到“乡下”去的海报中，稻田是一个共同的主题。它们还被注入了美学因素。它们被亲切地作为农业、乡村、季节和过去的表征。作为自我的隐喻，稻田是我们祖先的土地，是我们村庄的土地，是我们地区的土地，最后是我们日本的土地。它们也象征我们原初的未被现代和外国污染的过去。因此，稻田体现了日本人的空间和时间，即日本的土地和历史（第六章）。

但是稻米与稻田表征的自我在与特殊的他者相遇时被迫重新界定自己，在这个历史的合然过程中持续地发生重要变化（第七章）。作为自我的稻米与作为我们土地的稻田，这个双面的发展历程在日本人自我和他者概念的历史转换过程中展现出两个重要的发现。首先，单数自我（self）在连续的历史合然过程中转换为复数自我（selves），因为每一个“他者”需要重新界定自己；其次，更重要的是，单数自我转换为复数自我的过程也牵连到单数他者（other）转换为复数他者（others）的过程，不仅仅通过连续的历史，同时也通过在日本内外对边缘化复数他者的创造。在日本社会内，一些自我变为边缘化的内部他者，即原初非定住民（*hiteijūmin*）和不从事稻田耕作的少数人群。在日本社会外，边缘化的外部他者被创造。像中国人和韩国人，他们是已丧失文化优越性的他者。他们被描述为吃错了稻米。有一个自相矛盾的现象，即稻米作为日本人整体的集体自我的表征，在社会内部的分层及与不同他者的不平等权力关系中也扮演了一个重要角色。

在人类学研究中，必须要与跨文化比较相争斗，既不能在文化普遍性的标题下否认某种特殊文化的特殊性，也不能孤立地检验文化的独特性，就像过去经常看待日本文化一样。在日本文化中赋予稻米和稻田以意义远不是唯一的。贯穿全书，我引入一些跨文化的比较来展示日本文化与其他文化之间的相似性（最系统性的研究见第八章）。在许多文化中，景观（城市和乡村）、历史性（过去和现在）、经济行为（狩猎-采集、农业、工业）都植根于一个特别的历史节点上，是体现在与他者相关时自我的概念化中的表征（第八章）。许多后工业社会的农业保护主义，部分依赖农业与我们的自然及我们的土

地，最终是与“我们”之间的概念联系（第八章）。 11

这不是一本关于稻米和稻田本身的书。因此，第二章论稻作农业和第三章论“作为主食的稻米”仅仅提供一个背景信息。我关于象征的论述从第四章开始。我没有对清酒（*sake*）作系统论述，只是一笔带过，尽管清酒可以为本书涉及的许多问题提供额外的民族志和历史的信息。因为稻米研究涉及对许多高度复杂主题的探讨，如历史过程中日本皇室制度的变迁，因此，我不得不限制我的研究范围。在参考文献部分，我特别强调日文出版物，以把日本学术与日文资料介绍给英语读者。

12 # 第二章　当代的稻米和稻作农业

当今世界的稻米

在稻米、小麦和玉米中，稻米是当今世界最重要的谷物。1984年，小麦、稻米和玉米各占世界种植面积的31.8%、20.2%和17.8%，在总的农业生产中三者各占29%、26.1%和24.9%（Soda 1989: 11）。超过三分之一的世界人口（34.9%; 1166474000人）把稻米作为主食。如果包括那些既把稻米又把玉米和土豆作为主食的人，这个数字会提高到38%，17.5%的人把小麦、稻米和其他谷物作为混合食物。这些数字可以与只占10.5%把小麦作为主食和3.0%既吃小麦又吃玉米、土豆的世界人口进行比较（Watanabe 1987: 19）。

关于稻米种植起源的争论一直不断。最近学术界反驳了一个认为稻米种植起源于热带亚洲靠近赤道印度的理论，而认为应该起源于东至云南和西到印度阿萨姆的亚热带亚洲山区（Watanabe 1989: 84;

Bray 1986: 8—9）。1992 年在国立民族学博物馆举行的一次研讨会上，民族学家和遗传学家们提出了一个可替代的关于稻米起源的观点（S. Yoshida 1992）。他们质疑云南-阿萨姆地区是起源地，指出在平安时代（794—1185 年）前，热带粳稻（*japonica*）已确切出现。吉田集而（Yoshida）同意遗传学家和研讨会出席者佐藤洋一郎（Satō Yōichirō）的看法，建议搁置关于稻米起源的结论，直到热带粳稻和籼稻（indica）被识别。不管怎样，稻米一定起源于亚洲：世界 90% 的作物生长在亚洲季风区，其中 64% 在东亚和东南亚（Swaminathan 1984 转引自 Bray 1986: 8；关于稻米种植和稻作农业的技术信息见 Barker and Herdt 1985）。

1986 年，稻米生产国家主要有中国（36%）、印度（20%）、印度尼西亚（8%）、孟加拉国（5%）、泰国（4%）、日本（3.1%）、缅甸（2.7%）和韩国（1.6%）。主要的非亚洲稻米生产国家是巴西（2.1%），其国内有许多日本和亚洲居民，其次是美国（1.3%），但是非亚洲国家与亚洲国家的稻米生产相较是不重要的（1987 年农林白皮书的统计附录，转引自 Soda 1989: 13）。

13

亚洲驯化的水稻（*Oryza sativa*）主要有两个亚种[1]：长粒米的籼稻型，有细长的谷粒，煮熟后米粒相互分离；反之，短粒米粳稻型，有更短、圆和更透明的谷粒，煮熟后米粒相互黏合。两个亚种有黏与不黏的差异。在日本，籼稻亚种种植早但较短暂（Shirota 1989: 76; 也见 Shirota 1987），粳稻最终成为日本人种植和消费的独有类型。

1　一些亚洲国家生产的稻米，尤其是印度尼西亚，是不同的品种。

与小麦和玉米种植相比，水稻需要更多的劳力，但是在有利条件下，水稻是一种更好的作物，也更容易脱粒（Sasaki 1985: 52）。秧苗在分离的田床长出后，就被分别移植到水田（详见 Bray 1986）。布雷（Bray 1986）认为，根据西方社会科学发展出来的“理性”或“经济人”的经济行为模式显然不能理解低效的稻作农业。

在所有国家，因为人为改善的结果，稻米持续地在发生变化。最引人注目的是位于菲律宾的国际水稻研究所从事的通过基因工程所生产的新水稻品种，为短稻秆，不容易倒伏，甚至能抗强风和暴雨，与其他品种相比更能从肥料中获益。新品种作为新技术通过绿色革命得到传播，被许多亚洲国家广泛接受，特别是印度。但如我在第三章的解释，日本没有参与到绿色革命中去。

除了脱粒和碾磨，稻米与其他主食相比，其烹煮和食用没有任何先前的程序，不像小麦和玉米需要首先磨碎，然后再做成面包和玉米饼。部分是因为，几乎每一个消费稻米的民族都特别讲究他们稻米的“品质”，要综合考虑外观、香气，更重要的是味道。不同的民族有不同的偏好。任何食物的味道是一个复杂的感觉，甚至涉及触觉，一般都是后天获得的。不黏的长粒米对日本人来说是不好吃的，但其他亚洲国家的人却喜欢。泰国人强调他们稻米的“茉莉香”。烹煮方法也影响稻米的好坏。日本人用简单煮熟的稻米或者加点醋冷却后做成寿司。他们觉得这样的味道是好的，不管使用其中哪一种方法。当 14 日本人把稻米与其他杂粮一起烹煮时一般不会用油。其他亚洲人的烹饪常常与其他杂粮一起烹煮稻米，或者煮熟后进行油炸。短粒米也通过浸泡或弄碎以便在使用这些方法时更容易。

水稻还提供其他有用的材料。在日本，稻草和糠壳被用作肥料。

制作备前（*Bizen*）风格的陶器时，用稻草捆扎器物，在烧制时起保护作用，还会留下美丽的图案。过去，日本人在制作毛笔前会用烧过的糠壳和稻草灰去除动物毛上的油脂。稻草通常被用来制作草帽、草鞋、蓑衣（*mino*）、榻榻米草垫，等等。如我在第五章的解释，这些物品在日本人的日常生活中至关重要，在日本文化中获得了一种美学价值，极大地促进了日本人对稻米和稻作农业的认识，其文化价值远远大于纯粹的经济价值。

日本的稻米类型

不管水稻引入日本有多少来源，反正它特别适合温暖湿润的气候。一些人认为赤米（*akamai*，或 *akagome*）是最早从亚洲大陆引进的水稻，尽管对什么是“赤米”有不同意见（Watanabe 1987: 28）。赤米有特别的仪式价值；坐落在日本南部偏僻地区的一些圣地，因为仪式需要仍然在种植赤米。日本人习惯在吉日使用的赤饭（*sekihan*）也许来源于早期对赤米的使用（Yanagita 1981a: 208），现在制作赤饭一般是混合了赤豆（*azuki*）和稻米，以便做出人们需要的色彩。

现在，日本有许多类型的水稻。在日本种植水稻必须要适应从亚热带到亚北极的气候变化。依据传统，种植水稻的家庭会为下一年保留种子，以维持遗传基因的多样性。本地稻种被日本政府支持和保护，这样就不需要大的种子公司。城市稻米消费由附近地区的农民提供。这种情况与其他国家不一样，如在美国，种子公司提供种子导致了农业作物多样性的减少。

但是情况还是在发生剧烈变化。随着逐渐富裕和对稻米消费的减少，日本人已经开始偏爱新潟和日本东北寒冷气候带生产的稻米，包括六个县——福岛、宫城、岩手、青森、山形和秋田。其中，最喜欢的是两种品种——生长在新潟的越光米（*koshihikari*）和生长在宫城和山形的笹锦米（*sasanishiki*），秋田生长的秋田小町（*Akita komachi*）是紧随其后的第三个品种。前两个品种发展于明治时期，从此其品质逐渐得到改善（《朝日新闻》，1988，11，6）。全国性的销售是最近的现象，有人认为是政府推行倡导的结果（Hasegawa 1987）。

一个重要的意涵是，今天日本人对稻米的不同偏爱，不仅仅因为引入日本的水稻源于亚洲季风区，也因为直到现在日本人仍在不同地区消费稻米。今天日本人看作“日本的水稻”主要生长在日本东北部，那里稻作农业最晚到达。

不仅仅水稻随着时间的推移在发生变化，其加工方法也在发生变化。对大多数日本人而言，稻米意味着被完全精制的白米。白米消费是相对晚近的现象。许多学者认为在元禄（Genroku）和享保（Kyōho）年间，17 世纪末到 18 世纪初，日本人开始使用精制稻米。之前他们消费未精制的玄米（*genmai*）。[2] 食物健康运动流行后一些个人开始消费玄米。在美国和其他国家也可以看到相似的情景，一些人偏爱过去农民吃的黑面包。营养学家认为改吃白米是一种不幸，因为精制过程中丢掉了许多营养，包括维生素 B，[3] 尽管一些日本人认为白米同样有营养。

---

2 通常认为玄米（genmai）与糙米（kurogome）是一回事，但石毛（Ishige 1985: 132）认为糙米部分被精制，所以两者不能相等。

3 白米仅仅是与脚气病有关的食物。

日本政府对稻作农业的介入

为了理解日本当代的稻作农业，可能会涉及许多自相矛盾的说法，有必要对日本政府对农业特别是稻作农业的介入进行一个简要的评论（详见 Donnelly 1978）。从全世界眼光来看，政府的介入达到空前未有的程度。在中世（1185—1392 年）和现代早期（*Kinseki*）（1603—1868 年），稻米是地方和中央政府征收的一项税。因此在日本前现代时期稻米从来没有直接在自由市场上买卖。

实质上同样的制度一直持续到现在。现代时期（1868 年至今），16 国民政府接管了幕府政府的角色，控制农产品特别是稻米，目的是在早期工业化时期提高制造业产品的出口。政府想象向工厂工人提供廉价的稻米，会维持他们的低生活费用，反过来就会平衡工人的低工资和工业家通过大量制造业产品的出口而获得的高利润差额。因此，在 20 世纪早期，政府开始考虑收购、销售甚至储藏在日本收获的稻米。1920 年政府开始启动稻米控制政策，随后在 1939 年对稻米销售采取法律控制。1942 年政府制定了一个著名的或臭名昭著的《食粮管理法》（*shokuryō kanrihō*），赋予政府控制所有食品的合法权。"二战"后，政府逐渐放弃了除稻米、小麦和大麦外的食物控制。与早期对消费者的保护政策不同，政府通过补贴农田和稻米生产来双重补贴稻农（详见 Calder 1988: 241—244）。20 世纪 60 年代，政府几次提高稻米的价格，目的是为了增加农民的收入以达到城市工人的水平——作为高端技术发展的结果，工人的收入早已经提高了。换言之，政府的政策从危机时期对消费者的保护过渡到了在经济增长时期对农民的保护

（Reich, Endō, and Timmer 1986: 168）。

对农民的保护出现了一个讽刺的回转，当日本富裕后对稻米的需求逐渐减少。日本人的饮食转向了副食（*fukushoku*）而不是稻米，尽管稻米仍然被称为主食（*shushoku*）。外国食物的引入，包括披萨和汉堡，进一步促使了稻米消费的减少。1990 年预计会消费 1000 万吨，而如果所有的稻田都用来种植水稻的话，可能会生产 1400 万吨稻米（《朝日新闻》，1990，5，31）。因此，日本在一些年份经历了稻米的过度生产，特别是在 1968—1971 年和 1976—1979 年获得了大丰收，政府不得不购买和储藏大量剩余的稻米（《日本经济新闻》，1989，2，12；*Ōshim* 1984）。[4]

尽管这是大众媒体和普通人所掌握的大致情形，长谷川熙（Hasegawa 1987: 16—20）指出，在 1984 年稻米储藏时期，政府从韩国和泰国“偷偷进口”了 15 万吨稻米，遭到农会的强烈反对。同样，卡尔德（Calder 1988: 231—232）指出 1984 年政府从韩国进口 17 价值 7000 万美元的稻米，根据许多观察家的说法，这是日本政府采取的试图影响农会的一个措施（Calder 1989）。

除了对稻农的双重补贴，政府还采取了另外两个措施来缓和正在恶化的稻米经济的影响。首先，制定了一个鼓励农民减少生产能力的政策。政府为不用自己土地来种植水稻的农民买单，一个众所周知的实践就是减少耕地（*gentan*）（《朝日新闻》，1990，5，31）。1988 年政府强迫农民减少 30% 的水稻种植土地（《朝日新闻》，1988，1，27）。今天日本 300 万公顷的稻田有 77 万公顷休耕（Kano

---

4　坪井（Tsuboi [1982] 1984: 63）提到了 1966 年是稻米生产过剩的年份。

1987: 40）。

其次，政府大力提倡对稻米的消费。如果农民通过一些途径提高稻米的消费就可不为稻米的减产而负责，例如，在学校的午餐计划中使用稻米，或提高清酒的消费（《朝日新闻》，1988，1，27）。政府甚至想出一个利用其处于文化中心的习俗的策略，即礼物交换。政府限制农民仅仅为附近地区提供稻米，允许提供给全国各地。1988年位于东京日本桥的三越百货商店出现了一种新的礼物形式——被包装好的来自新潟的越光稻米（《日本经济新闻》，1988，11，20）。如今在日本被认为是最好的米。

1986年政府与前几年一样花费了1万亿日元用于农业补贴，但在1987年下降到5600亿日元（《经济学人》，1987，12 : 32）。[5] 面对逐渐上升的财政困难，政府放松了稻米市场的控制，不再控制所有的已收获的稻米。1990年有三种类型的稻米：政府米（seifumai），由政府收购再卖给消费者的稻米；自主流通米（jishu ryūtsūmai），由地方政府为了利润而销售的稻米；自由米（jiyūmai），市场自由买卖的稻米。

当代日本的稻米与稻作农业

明治时代（1868—1912年）初期，日本有3480万人口，80%从事农业生产。1985年有1200万人口，其中只有430万（3.5%）从

---

5 一些报告比较低的数字。如，史密斯（C. Smith 1987）引用的是3800亿日元的政府补贴。

事农业和林业（Sahara 1990: 4）。[6]如今，仅仅只有少数农民是全职的，85% 的水稻由兼职的农民种植（*New York Times*, 1987, 4, 19）。今天日本乡村，老一辈农民不是全职的，而年轻一代主要在城市工作。莫恩（Moon 1989）详述了一个农业社区通过把家改造为一个旅馆来挣钱，太像英国和美国为聚集在雪坡的滑雪者提供“睡觉和吃饭”的地方了。位于祖先土地上的传统农家的未来相当脆弱。

18

农民的力量和农业政策的连续性要归因于日本战后的执政党自民党（LDP），该党传统上依赖乡村地区的选票。凯利（Kelly 1989）指出，从 20 世纪 60 年代晚期开始，自民党乡村地区选举人的支持不仅来自数量较少的全职农民，而且还来自大量的兼职农民，他们获益于自民党政府在他们地区所提供的价格补贴和公共服务。

1985 年，所有农民的平均收入是 730 万日元，其中大部分收入来自非农业，超过城市工薪工人平均收入 100 多万日元（Yayama 1987: 67）。尽管比城市人有较高的收入，但农民在财政上还是感到不满，因为用于农业生产上的花费太高。因此，农业设备的投资和其他开销造成 16% 的农民抵押贷款违约；仅有 60% 按期还债。日本 10% 的稻米出自北海道，那里的许多农民，乃至产稻米地区的农民，财政极端困难。例如，1990 年，北海道的全职农民伊藤父子负债 6200 万日元—— 4500 万日元在 1988 年用来购买另外的 6.5 公顷的农地，剩余部分的农业花费没有得到政府的补贴。1989 年他们的收入是 2000 万日元，其中 1500 万日元来自于稻米销售。农业生产的花费是 1000 万日元，家庭生活开支是 600 万日元，剩余部分用来还债

6　日本政府的调查总是把农业和伐木业放在一起。

（《朝日新闻》，1990，5，31）。

尽管城市人感到政府过度保护农民，但农民并没觉得有什么特权，在财政上也没得到足够的保护，因而对他们的职业持含混的态度。在《朝日新闻》（1990，6，12）“天声人语”专栏，一位58岁叫德永敦义（Tokunaga Atsuyoshi）的农民，记述了自日俄战争起他们作为农家的传统和他们祖地的重要性。当女儿嫁给一个城里的上班族脱离农业生活后，他感到失望，本来希望她继续留在乡村。现在他认为从事农业未来很渺茫，庆幸女儿的离开是先见之明。他很不情愿地预料到总有一天他也会放弃农民的生活。他感到了美国要求开放日本稻米市场的压力，所以就发表这样的文章。文章的题目是“稻米进口——一个时代的标记？”描写了当代日本人的含混态度——表面上明确反对外国稻米的进口，但感觉又是不可避免的。

19

另一位叫后藤正义（Gotō Masayoshi）的稻农的话被引述，“作为父亲，我有类似的想法就是希望儿子能够继承农业。”一位41岁叫黑田雄一（Kuroda Yūichi）的稻农，把他整个1.1公顷的稻田改为有机农场，在温室里种植土豆、花卉、菠菜和其他蔬菜（Thorson 1989）。

1989年我访谈过的农民其态度同样也很含混。如果土地价格持续提高，他们承认通过卖补贴过的农地可能会致富。不管怎样，他们觉得从事农业相当辛苦；当丈夫在附近的城市打工挣外快时，妻子往往就从事农活。他们的含混态度在一件事上清楚地表达出来，许多农民主张女儿不要嫁给农民，而希望儿子留在祖先的土地上。这些农民列举了几个女儿不要嫁给农民的理由。首先，农业会涉及太多的劳动，而未来是不确定的。其次，正如他们自己所经历的，乡村生活保留了太多的花费昂贵的传统仪式。他们说，仅仅一场婚礼就要花费1000万日元，许多其他仪式往往比城里要复杂繁琐得多。对他们而言，乡村生活非常昂贵，[7]特别是有女儿的家庭，因为婚礼前后仪式操办的经济负担往往要由新娘家来承担。如果女儿嫁到了城里，婚礼花费就很少，不仅仅婚礼本身，而且其他相关仪式也简单节省，新娘的父母也就没有义务去邀请大量的亲戚和邻居（有时甚至是居住地的所有人）。

父母和女儿对离乡的偏爱，以致年轻农民要找一个愿意嫁给他们的女子相当困难，所以日本国内外的媒体报道了来自菲律宾、泰国和其他亚洲国家的妇女嫁到日本。

今天，一个新词“离农”（*rinō*）在媒体上频繁出现。在北海道深川市，三年时间（1986—1988年）就有136家农户放弃农业，

---

7 除了婚礼本身，他们还把下面的仪式作为婚礼的一部分：*okaotsunagi*（把新娘介绍给新郎的家庭成员和乡亲）和*yuinō*（“结纳”，标志订婚的男女双方家庭正式的礼物交换；我访谈的对象大概会花费10万日元）。甚至在婚后，新娘的家庭还会继续操办某种年度仪式，如*harikuyō*（“供养”，历书上一个固定的日子，虽然严格的日期地区间有所不同），其时妇女会放弃缝纫和仪式性地丢弃断裂的针，有时会敬奉给神。在某些地方，新娘的家庭必须送糕点给小夫妻的邻居；每年冬天要送给新郎家寒鰤（*kanburi*）；在男孩和女孩日（*sekku*节句）送给儿童的礼物。而且人生礼仪家庭必须操办宴席，并送礼物给客人，其中有：厄拂（*yakubarai*辟邪仪式）；在男人最不吉利的42岁时举行的仪式；庆祝男人60岁的花甲庆祝会（*kanreki*）（根据日本传统计算方法是61岁）；仪式中，他被用红色涂抹，这是儿童的象征，表示他已回到了童年（“还历本卦返”，*honke gaeri*）。在城市，通常新娘家操办的只有婚礼和订婚，但也会在两年一次的礼物交换期间给新郎家送礼，新郎家也会回礼。我访谈的一个农民也指出，在乡村，人们会花更多的钱以维持家庭的荣誉。

主要因为扩展事业而购买土地和机器所造成的债务（《朝日新闻》，1988，11，20）。全国的统计数据显示，1/3 的农家由 60 多岁的老人为主，其中 40% 没有继承人（《朝日新闻》，1988，11，20）。

下表是 1988 年从北到南生产超过 30 万公斤水稻的地区（农林水产省经济局统计情报部，1990：66）：

20

县	水稻（公斤）
日本总量	9888000
北海道	763100
青森	327900
岩手	324500
宫城	379100
秋田	573900
山形	454500
福岛	344600
茨城	377900
枥木	319700
千叶	323100
新潟	736000

注：北海道地区没有再细分，所以总产量要高于其他地区。

由于稻作农业的低迷，稻农采取了三个策略：九州的农民决定限制稻米的生产，仅仅供自己消费，因为那里的稻米质量不好，赚不了什么钱；北海道的农民努力降低农业投资；只有出产好米的东北地区一如既往从事农业生产（《朝日新闻》，1990，6，14）。

稻农的困境表明，稻作农业对他们而言不是经济人理性选择的结果，就如城里人对稻米的态度不仅仅是建立在经济理性上的。

消费者对稻米和稻作农业的态度

稻米的价格

政府的补贴显然把稻米从市场经济的供需中移开了；今天日本的稻米价格高于美国好几倍。1990年春天我通过核对，神户地区的食品合作社（*kōpu*）各种稻米的价格与东京百货店的价格相似（见表2.1）。虽然稻米的高价格特别被非日本的媒体引用，证明了《食粮管理法》的错误，但在表2.1中前两类稻米的价格不是由政府控制的，比其他稻米高出很高的价格，但消费者却十分喜欢。因此，除非有人认为日本的消费者被政府完全拉拢，否则在稻米高价格背后政府政策不是唯一的恶人。

21

表2.1　10公斤稻米的价格（日元）

稻米类型		11月 1989	5月 1990	10月 1992[a]
越光				
	产自新潟县	5800	5980	6600
笹锦				
	产自宫城县	5460	5400	5800
标准米		3750	3610	3616

a 数字建立在5公斤的米包上，在东京超市卖一半的价格。产自新潟地区的越光米作为“雪白米”销售，尽管他们也有其他产自新潟地区的越光品种，5公斤为3250日元，东京百货店5公斤为3050日元。

稻米消费根据家庭的不同是多种多样的，不仅仅是人数，还有

图2.1　1991年，日本神户的肯德基炸鸡店。外国食品几乎已遍布日本市场。作者摄。

年龄和家庭生活方式。例如，“二战”后不久，许多城市家庭开始把吐司、鸡蛋和沙拉（通常是切好的卷心菜）作为早餐，而乡村家庭（包括以前居住在乡村，现在移居城里的人）继续把稻米作为早餐。据报道现在稻米消费下滑，乡村比城市更剧烈（《朝日新闻》，1989，1，11）。

1987年每人每年消费稻米72公斤（《朝日新闻》，1989，1，11），这个数字与“二战”前每人每年消费稻米150公斤形成鲜明的对比（Ōshima 1984: 121）。粗略估计，10公斤稻米对四口之家可吃10天到两周。3到4口的日本家庭每月在稻米上花费平均大约12000日元。花在稻米上钱的总数远远少于花在副食上的总数。例如，一对40岁左右的夫妇每月收入138000日元，花在副食上是47183日元，而稻米只有5800日元（《朝日新闻》，1988，11，13）。中高收入家22庭花在稻米上钱的比率远远少于花在其他食物上的比率。1989年全国范围内的调查显示，一个家庭在稻米上的开支仅占总开支的2%。与战前的消费习惯形成强烈对比。例如，大正时期（1912—1926年）工人预算的平均27%用在稻米上（Ōshima 1984: 121）。

考虑到20世纪90年代日本稻米普遍高价格，每月12000日元的稻米开支不是很多。1990年6月我问一些人稻米是否昂贵，令人惊讶的回答是并不贵，因为他们不再吃很多的稻米。从他们吃稻米如此少的总量来看，确实很廉价，尽管每公斤的价格要高出美国好几倍。因此顾客愿意买两种最贵的品种——越光和笹锦。这些品种很难生长，因此供应量很少。为了证实心甘情愿购买昂贵稻米的人不仅仅局限在富裕阶层，我在公共汽车站和公共场所访谈了许多人，这些设定的目标人群看起来并不是很富有。他们也持同样的观点。因为市场上出售的越光和笹锦常常混合了其他廉价的稻米，城里的日本人通常光顾当23地商店，因为他们信任这些商店不会出售掺假的稻米。廉价稻米一般用在对外的饭店、自助餐厅和其他地方，以及用廉价稻米制作的廉价产品如清酒和米饼。在东京时尚的六本木地区，我尝试了寿司、御握（*onigiri*）和其他廉价商店出售的熟食，发现“质量”都很差。

虽然城里人愿意花高价钱购买“好吃”的米，但他们还是对农民抱有很大的怨恨。毕业于麻省理工学院的大前研一（Ōmae Kenichi），东京麦肯锡公司的商业策划和经理，在他1986年出版的《新国富论》（书名来自亚当·斯密的《国富论》）里最清楚地表达了城里人的感受。在书中他勾画了日本进一步繁荣的战略，该书成为日本的畅销书。他抨击日本的农业政策，这个政策制定于40年前，那

图 2.2　1990 年，日本神户的百货商店正在促销稻米。作者摄。

时日本人口 40% 是农民。他指出，现在农民只占总人口的 6%，却拥有 18% 的选票。他把城市人叫作“沉默的大多数”，他们交的税被用 24 来支持政府补贴农地和稻米。

日本是一个狭长多山的国家，70% 的国土多山而不利于农业生产。剩余的 30%，其中仅仅 2.9% 在城市地区，在这里 1.2 亿人口蜷缩在狭小的房间里，而余下的平地被农民用来从事稻米生产。大前指出，由于政府的保护政策，城市人作为人质居住在逼仄的公寓里（“兔窝”），而农民作为人质却住在他们自己的土地上，因为他们依赖政府的补贴。他提醒读者注意，1986 年日本亿万富翁（*okuman chōja*）中，大概有 60 到 70 个是农民，他们因卖地而致富。他指责城市土地天文数字的价格是建立在高价稻米基础上的，因为不鼓励农地向城市用地转化。日本乡村土地一般靠近城市，因此，这些土地很容易被城市蚕食。

大前的声音不是唯一的。1989 年 11 月从旧金山飞往成田的飞机上，一位坐在我旁边的 40 多岁男人骄傲地说他和同事们午餐吃意大利面条和其他面条，只在晚餐吃米饭。他特别强调现在的儿童喜欢面包而不是米饭。我们继续交谈，他说："当他们开始运动锻炼后，就开始吃米饭，因为米饭能提供所需要的能量。"在飞机快降落到成田机场时，他指着下面的农田厌恶地说，农民们正等着土地价格飙升，以便他们交易后出国旅游。他公开敌视农民，他们以牺牲城市利益而得到政府的双重补贴。尽管这个男人对农民相当不友好并对现代食品有偏好，但他始终认为稻米是能量之源——本书第四章讨论的一个重点。

在讨论农业时，城市人倾向于对乡村农民不满。必须记住，日本人口的重要分类既不是农民也不是城市工人和商人，而是渔民、矿工、手艺人和演员，等等（见第六章）。关于这些其他职业，渔民居住在乡村，但从来没有获益于政府的补贴。1989 年我在石川县的金泽做访谈，与一位过去是渔民的出租车司机交谈。他支持开放稻米市场，但指出只有稻农从政府的保护政策中受益，渔民却没有。

25 稻米进口问题

在日本讨论稻米的价格也许为时太早，至少还不是很急迫，因为还没有来自欧美国家要求开放日本稻米市场的压力，这个问题被日本国内外媒体广泛报道。美国精米工业会（RMA）要求日本市场在协议签署后第一年数额上调到 2.5%，第四年升到 10%（Darlin 1988; Takeuchi 1988）。虽然美国贸易代表办公室（USTR）在 1986 年 10

月撤回了这个要求，同意作为在 1987 年召开的乌拉圭回合多边贸易谈判的议程。通过 103 国关税及贸易总协定，1992 年日本持续与美国在农业问题角力，特别是这一条。

就如预料到的，美国精米工业会的要求在日本立即遭到强烈反对，强硬的中央农业合作协会[8]——全国农业协同组合中央会（Zenchū）是急先锋。日本政府起初也非常顽固地反对。

但令人惊讶的是稻米进口被日本的消费者反对。表 2.2 显示了几次民意调查的结果。

表 2.2　关于稻米进口问题的民意调查（回答者的百分比）

	同意			反对
意见	A	B	C	A
同意稻米自由贸易	23	24	21	52
同意有限度进口	41	60	44	33
不同意稻米进口		16	30	

资料来源：A 数字来自日本广播公司（NHK）在 1988 年 10 月 22、23 日的民意调查，涵盖了 1.8 万名年满 20 岁的人；B 数字来自一份核心报纸《日本经济新闻》（*Nihon Keizai Shinbun*, 1988，11，26）；C 数字来自另一份核心报纸《朝日新闻》（*Asahi Shinbun*, 1990，6，4）。

妇女比男人更倾向于反对稻米进口。因为在许多家庭中妇女掌握了预算决定权。如果妇女不反对稻米进口，那么日本的抗议就没有消费者基础。年轻人支持有限的进口，而 60 岁以上的老人则反对进口。就职业而言，反对进口的人是农民、伐木者和渔民（58%）及劳 26

8　在若干农协（*nōkyō*）中，“全农”（*zennō*）扮演了抗议的中心角色。

工（36%）；反之，一些职业群体支持进口的百分比相当一致，经理（27%）、工厂工人（22%）、商业部门工人（24%）、自己经营的实业家和商人（24%）和个体经营者（24%）。在农民、伐木者和渔民中，只有12%偏向进口（《朝日新闻》，1990，6，4）。如上所示，农民与伐木者和渔民之间对进口问题的态度是有差异的，在统计表中没有显示，因为传统上是把这三种职业归在一起的。

稻米问题对日本人来说不是一个经济问题，在《日本经济新闻》（1988，11，26）所做的调查中再次得到证明。在回答稻米问题时，受访者被问及他们希望未来的稻米政策是什么样的。

提高有机种植和多品种	46%
降低稻米价格	23%
提供好吃的米，甚至价格很高	19%
其他和没回答	12%

因此，23%关心稻米价格的降低，而65%是非经济因素的考虑。日本广播公司在1988年11月3日播放的关于民众对稻米价格的意见显示了相似的结果。

价高 / 相对高	33%
廉价 / 相对廉价	30%

请回忆消费者关于非经济因素的观点，“如果消费总量不大，稻米价格就不算高”。所以，很多日本人认为，即使日本在这个问题上经济受到损失，稻米进口也不会为美国带来什么好处。日本消费者会继续

购买本国稻米，因为“味道比外国米要好，价格也不高”，进口米仅仅被低档饭店购买。一些个人试图进口加州稻米在日本出售，不仅要应付政府的批准，还可能根本卖不出去（Nagaoka 1987; Tracey 1988）。

1992 年当稻米进口在媒体和普通民众中不再是个热点问题时，从美国进口用加州稻米制作的冷冻寿司，经过短暂的争取后得到政府的批准。“寿司男孩”连锁店总裁松本不二夫（Matsumoto Fujio）通 27 过传送带提供廉价寿司；根据价格差异将寿司放在不同颜色的盘子里。消费者根据爱好挑选从他们前面通过的寿司，然后空盘子自动送到登记处付账。松本先生在美国建了一座工厂，每天用机器人能生产 10 万个寿司。他在美国非常成功，在那里他仅仅能赶上订单（《朝日新闻》，1992，10，3）。松本试图把他的寿司进口到日本，但遭到食粮厅的反对。最后政府被迫答应进口，因为相关法规规定食物里包含的稻米必须要有 20% 重量的其他食物，松本的寿司符合这个规定。1991 年日本进口了 1300 吨的虾肉饭、乌贼饭和其他类似食物（《朝日新闻》，1992，9，30 和 10，3）。

换言之，外国稻米已进口到日本且持续很长时间了。这一事件揭示了日本人反对进口加州稻米更多是原则上的而不是事实上的。“寿司男孩”的胜利是否是一个标志，预示着日本人反对进口加州稻米的声音在减弱，这很难说。

迄今为止，日本对进口稻米的顽固反对与对进口外国知名品牌商品的热望形成了强烈对比。露华浓口红价格高于本国口红好几倍，就像牙皂是时尚奢侈的礼物，更别提法国红酒和干邑白兰地、马球服装、古奇提包；以上所有物品的价格都是天文数字但却被狂热购买（Ohnuki-Tierney 1990a）。

不仅奢侈商品，就连普通日常食品的进口都数量惊人。1988

年食物进口的百分比是鱼和贝类水产 35.9%，谷物 14.6%，肉 14.8%，果蔬 12.7%；日本人的菜盘子逐渐被进口食物装满（Tsūshō Sangyōshō 1989: 149—150; JETRO 1989: 138—140）。日本消费者几乎不抵制其他农产品的进口。1987 年美国农民向日本出口的玉米和高粱粮食饲料价值超过 10 亿美元，日本总的粮食饲料大概 70% 是进口的（Ashbrook 1988）。赖克、远藤、蒂莫（Reich, Endō, and Timmer 1986: 159）揭示了从 1960 年到 1980 年日美贸易快速提高，说明了贸易关系的高度成功（也见 I. Yamaguchi 1987: 40）。1980 年，美国为日本提供了总的农业进口的 40%；美国总的农产品的 15% 出口到了日本，超过其他任何国家。按照一些学者的说法，“美国是日本最大的食物供应国，日本是美国最大的农产品出口市场。事实上，美国许多土地为日本种植食物和纤维，比日本自己本土种植还要多”（Reich, Endō and Timmer 1986: 159）。他们最后的结论是稻米价格“不是消费问题，而是一个税收和财政预算问题”，大量的预算赤字造成了“稻米价格政策是一个重要的政治、经济问题”（Reich, Endō and Timmer 1986: 190）。[9]

---

9 讽刺的是，两方面的争论都是非经济的。生产过剩的日本开放稻米市场不会失去很多，因为需求不高。但如果取得准入权，美国也不会获得很多，不仅因为需求在日本很低，还因为稻米不像土豆和玉米，在美国经济中不是重要的农产品。因此，如果日本市场开放，泰国和中国——两个主要的稻米生产国家——或巴基斯坦很可能就会分享日本较小的稻米市场。

如此，美国对稻米出口问题的压力就只能在存在多年的广泛的贸易摩擦背景下才能被理解。美日两国的一些人说美国选择稻米因为它使日本人在贸易问题上的沙文主义和非理性能够被理解。事实上，作为贸易问题的一部分，日本的多边合作更喜欢进口加州稻米，因为这样做是为了减少贸易摩擦。

毫无疑问，稻米进口问题有政治上的考量——乡村选民的支持对日本政党十分关键。1990年，在来自美国和其他国家的压力下，自民党竭力想法接纳稻米进口，而社会党（JSP）则顽固反对，赞成稻米的自给自足，因而获得城乡两地的大力支持。第三大党公明党曾经表达过一个想法以“迎合消费者”，但在遭到日本乡村的代表强烈反对后就改变了立场（《朝日新闻》，1990，6，7）。乡村选民的力量很大程度上要归功于一个事实，即农民和他们的家庭能够通过农会发动选民；反之，城市选民却相互孤立不能形成一个有效的选举集团。重点是一些城市选民和农民一样反对进口，更重要的是，他们不反对农民对关闭市场的支持。

当代稻米象征的重要性

稻米与稻作农业在日本构成了一个复杂的现象。虽然稻农受到政府政策的保护，但他们对自己的职业相当含混。经济上不再受益，但又很难彻底放弃。城里人抱怨农民因为他们的补贴是由城市税收来支付的。农民得到农地和稻米的双重补贴。城里人看到农民登上年度亿万富翁榜常常被激怒。根据城里人的看法，这些农民等待土地价格飙升，然后以惊人的价格出售；反之，城里人甚至不能负担自己的一铲日本土地的“金沙”。但正是这些城里人，自愿高价购买由政府控制的各种稻米。更奇怪的是，他们反对稻米进口，也即违背了自己的经济利益。

为了强调日本人对稻米态度的文化面相，我把重点放在非经济上的争论。许多日本人主张开放稻米进口。商业/工业部门关注稻米 29

进口的许可和美日在贸易不平衡问题上摩擦减少的问题。代表最大商业利益的日本经济团体联合会（Keidanren），多年来一直极力反对农业补贴（Calder 1988: 231）。

从文化的视角来看当代日本对稻米的争论，证明了日本人不仅仅把稻米作为填饱肚子的食物。日本人对稻米的态度和行为并没有被经济理性支配。稻米进口问题，其政治上的考量建立在广泛的涉及稻米意义的文化问题上。对日本稻米的理解，要求对广泛的文化与历史面貌的理解，稻米与稻作农业的意义体现其中。

第三章　稻米作为主食？

30

“主食”是一个表面上没有异议的日常词语。人们把某些食物作为主食——面包、米饭和玉米饼，等等。但什么使一种食物成为主食？是这种食物在数量上被吃得最多？是这种食物在一个社会上被很多人或所有人食用？是这种食物定义了进餐，而不考虑量？日语“饭”（*meshi*）（文雅地说“御饭”［*gohan*］）意为煮熟的稻米或一般含义上的膳食。“您吃 *gohan* 了吗？”意为“您吃饭了吗？”。日本人把稻米与一般食物等同起来，是从中国传来的，中国人的“吃饭”（*chih fan*）意为“吃”，“饭”（稻米）意为一般意义上的食物（E. Anderson 1988: 139）。无疑，稻米在历史上对许多日本人具有特别的重要性。本章我以历史的视角检验稻米怎样成为日本人的主食。

大约公元前 350 年，稻作农业从亚洲某处传入日本，通过朝鲜半岛一直到日本列岛最南端的九州。从此，水稻连续三波向东北方向扩展，在公历纪元初期到达东北地区（Kokuritsu Rekishi Minzoku

Hakubutsukan 1987: 14）。可证实的是，从社会政治的衍生结果来看，与之相比没有其他历史事件能为今天所知的日本国家的发展起到如此大的作用。在它推广的地区，稻作农业取代了绳纹时代（表3.1）长期实行的狩猎–采集经济。随后的发展图景与世界其他狩猎–采集经济被农业取代的地区类似。植物的种植使持久的定居成为可能，反过来促使人口的大量增长和财富的积累，最后导致民族–国家的形成。[1] 在日本，稻作农业也预示着农业化的弥生时代（公元前350—公元250年）的来临，为随后的古坟时代（公元250—646年）奠定了基础，期间居住在中西部地区的地方藩主控制了大部分领土。其中一个藩主是大和国缔造者的先祖，其领导人依次创建了皇室家族。

从狩猎–采集到农业再到民族–国家，这个表面上是自然发展的过程不一定意味着人口和/或文化上的连续性（详见 Ohnuki-Tierney 1974: 2—7; 1981: 204—212）。对日本列岛上的人口的主要解释是，在狩猎–采集绳纹时代的人口和农业化的弥生时代的人口之间存在连续性，有可能绳纹时代北方的人口最后成为了占据北海道、千岛群岛和萨哈林岛的阿伊努人，水稻没有传播到那里，直到晚近他们还在从事狩猎–采集经济。其他人认为阿伊努人是一个不同的民族，但看起来在绳纹时代和弥生时代，在生物和文化上好像存在连续性。虽然这些解释认为在绳纹时代和弥生时代人口具有连续性，但在1990年的一次研讨会上，特纳（C. Turner 1976; 1991）和埴原（Hanihara 1991）根据齿式，推测日本人主要起源于弥生时代，那时大量从大

---

1 虽然农业对民族–国家发展的作用毋庸置疑，但许多狩猎–采集经济社会，如北海道的阿伊努人和北美西北海岸印第安人就拥有萨林斯（M. Sahlins）所谓的具有永久定居的“原初丰裕社会”的特征（见 Ohnuki-Tierney 1976）。

陆移民而来的人口快速取代了土著的绳纹人，而绳纹人成为阿伊努人和琉球人共同的祖先。

31

表 3.1　日本史前史

时代	亚纪	时期
旧石器	早期	距今大约 50000—30000 年
	晚期	公元前 30000—公元前 11000 年
绳纹	萌芽	公元前 11000—公元前 7500 年
	较早	公元前 7500—公元前 5300 年
	早期	公元前 5300—公元前 3600 年
	中期	公元前 3600—公元前 2500 年
	晚期	公元前 2500—公元前 1000 年
	最晚	公元前 1000—公元前 300 年
弥生	早期	公元前 300—公元前 100 年
	中期	公元前 100—公元 100 年
	晚期	公元 100—公元 250 年
古坟	早期	公元 250—公元 400 年
	中期	公元 400—公元 500 年
	晚期	公元 500—公元 646 年

不管怎样，弥生时代的农业为日本民族-国家的创建和水稻栽培打下了基础，并使稻米成为民族-国家的象征符号，这是没有疑问的。有一点却没有得到足够的注意。自从公元前 350 年前后水稻被引入日本，水稻种植已超过两千多年，但并不是列岛上所有的人都接受了水稻种植，稻米也没有成为所有人的主食。

“二战”前，许多学者坚持稻米对所有的日本人都非常重要，认为在整个日本历史时期稻米已成为所有日本人的主食。战后，在两个相关问题基础上学者分成两派：稻作农业的相对重要性对立其他农业类型，以及稻米作为主食的重要性，即在日本社会各分支群体中的数量或热量价值。

33 这些对立通常表达为“稻作文化”对立于“非稻作文化”；后者也被称为“杂粮文化”，因为它强调日本人的主食是各种非稻米作物。我简化这些标签，使用“稻米文化理论”和“杂粮理论”。我也延伸讨论农民既是稻米的生产者也是消费者、稻米总体上作为日本人的主食以及当代日本富裕后对稻米消费诸问题。

表 3.2　日本历史

时代	时期
古代	
（弥生）	（公元前 300—公元 250 年）
古坟	公元 250—646 年
奈良	公元 646—794 年
平安	公元 794—1185 年
中世	
镰仓	公元 1185—1392 年
（南北朝）	（公元 1336—1392 年）
室町	公元 1392—1603 年
早期近代（近世）	
江户（德川幕府）	公元 1603—1868 年
近代	
明治	公元 1868—1912 年
大正	公元 1912—1926 年

续表

昭和	公元 1926—1989 年
平成	公元 1989—2019 年

注：我采用的分期依据的是日本历史编纂中的惯用做法（如，K. Inoue 1967: ⅷ—ⅸ）。在表 3.2 的历史分期中，早期近代在英语出版物中指德川幕府时代。日本学者通常指近世或江户时代。不用说，历史分期是人为的——一个历史时期不会一夜之间突然转变到另一个时期。每一个时期的开始与结束是可以商讨的。我一般遵循 Sansom（1943）的说法，但我把 1603 年作为近世的开始而不是他定的 1615 年，因为 1603 年在日本更常用。在镰仓时代，1336—1392 年的混乱时期，有两个君主因而叫南北朝时期。

稻作文化派

鬼头宏（Kitō 1983a; 1983b）和一群来自国立民族学博物馆的学者——石毛直道（Ishige 1983; 1986）、小山（Koyama 1983）和松山利夫（Matsuyama 1990）——强调在整个日本历史过程中稻米的重要性，挑战“杂粮理论”，其观点建立在被曲解的样本上，且经常形成一些主观的看法（Ishige 1986）。他们设想了日本人依赖不同主食的四个阶段：

时期	主食
公元前 4000—公元前 2000 年	坚果
公元前 2000—公元 1000 年	稻米
公元 1000—公元 2000 年	稻米和杂粮
公元 2000 年以后	稻米、杂粮、土豆和其他

在他的主食图表中，第二期仅仅只有稻米，而在第三期被稻米

和杂粮混合膳食所取代。石毛直道（Ishige, 1986: 13—14）争辩说这个变化是由于稻税使农民被迫依靠杂粮。即使有稻税，鬼头宏相信近世时期的农民也消费了大量的稻米，但也同样消费其他食物（Kitō 1983a; 1983b）。

前面提及的国立民族学博物馆的学者对记录在《斐太风土记》（*Hida no Gofudoki*）中的食物的能量价值和热量价值进行量化分析，该书是明治时代早期一位官员编撰的关于近世（1603—1868）飞驒地区（岐阜县区域）的人口特点和经济行为的调查。他们指出，在 19 世纪飞驒地区，53% 的食物能量来源于稻米（Ishige 1986; Koyama 1983: 35）。小山修三认为，“在《斐太风土记》时代，低地地区的黍米很快就被稻米取代”（Koyama et al 1981: 505），他们把这个结论投射到整个日本的人口，并作如下推理：对水稻种植条件不好的飞驒地区稻米都如此重要，那么对日本其他地区也同样重要。[2]

他们的资料显示在飞驒地区存在地区差异。事实上，松山（Matsuyama 1990: 69—70）发现从事刀耕火种农业、依赖黍米、位于上游的 13 个村庄和从事水稻种植位于下游的 14 个村庄之间的差异。地区多样性也被小山（Koyama 1983: 36）承认，他写道：“黍米作为主食在某种程度上比稻米更重要。”

非稻作文化派

“杂粮理论”的学者坚持认为杂粮是大多数日本人的主要食物来

2　他的作品的批评者认为《斐太风土记》是由后来的一位官员编撰的，没有证据显示村民确实食用名单上所列举的食物。

源，稻米作为主食限制在少部分精英中间。

稻作农业与刀耕火种农业

由网野善彦（Amino 1980; 1984）、宫本常一（Miyamoto 1981）、佐佐木高明（Sasaki 1983，1986）、坪井洋文（Tsuboi 1984）倡导，许多学者挑战了稻米能代表日本文化这个论题（Amino 1984: 63—75; Sugiyama 1988; Tsuboi 1984: 85—86）。现在一个有影响的解释是其他作物和块茎[3]作物作为主食对许多日本人来说比稻米更重要。这些作物包括小麦、荞麦、意大利黍米、黍米、德干草、芝麻。这些作物可以生长在贫瘠的土地上，与水稻相比不需要过多的照料。需要强调的是，这些非稻米作物被称为“杂粮”（*zakkoku*）[4]，被看作是一种剩余范畴。

水稻栽培技术传入前，日本人种植杂粮。延伸的问题是，一方面，它们被稻作农业取代，另一方面，稻米成为主食。明显地，由于气候和地形因素，在水稻品种适应寒冷气候前阻止了水稻栽培在北方地区的发展。在低地能种植的水稻不能在山区生长，因为那里的土地灌溉很困难。

35

更重要的是，最近的研究成果发现，非稻米种植有一个强大的传统，迄今为止这个问题还没得到完全的认识。杂粮理论的鼓吹者并不否认水稻栽培的重要性，但他们指出稻作农业意识形态具有葛兰西

3　土豆和白薯在近世早期传入日本。日本人偏爱白薯因为能够单独食用；普通土豆在他们看来吃起来不够甜（Tsukuba 1986: 23）。

4　“五谷”（*gokoku*）这个词最早从中国传入，其真正含义是指许多谷物，而不仅仅是稻、黍、稷、麦、菽五种。

意义上的霸权本质（见第六章），妨碍了学者认识非稻米植物种植的证据。

文化地理学家和人类学家佐佐木高明（Sasaki 1983; 1985），强调了日本刀耕火种农业类型的重要性，这种经济方式广泛分布在东亚或常绿照叶树林（*shōyōju*）地区。他认为在稻作农业传入前，日本西部山区存在一个集约的和粗放的农业。他们种植高地稻米、各种类型的黍米、豆类植物、荞麦，以及大量的其他作物（Sasaki 1983: 30—32）。他还认为在弥生时代早中期（公元前350—公元350）一半以上的糖类消费主要来自稻米以外的作物（Sasaki 1985: 56; 也见 Miyata 1990: 66—76）。

杂粮理论的主要鼓吹者历史学家网野善彦认为，中世时期的消费以杂粮为主。对其而言，过去学术界过度强调稻米的重要性，是因为把近世早期（1603—1867）的模式反投到中世时期（1185—1602）的结果（Amino 1980: 32）。在研究中世时期土地税记录后，他认为，尽管在日本西部的地方藩主庄园（*shōen*）和公领地（*kōryō*）中，稻米被作为土地税，但在东部却很少这样使用（Amino 1980: 32—34），在那里其他物品如丝和棉被作为税收。而且，虽然西部地区的人为了上税的需要种植水稻，但他们也依赖其他作物作为食物。他征引了1347年9月的一则资料，上面列举了一位居住在若狭（今天福井县的东部）太良庄园的农妇被没收的财产。清单记录为90公升稻米和180公升黍米——黍米超过稻米两倍。因为这个庄园土地税用稻米来支付，网野善彦（Amino 1980: 67—68）最后认为这个妇女的主食是黍米。网野善彦（Amino 1980: 69）还认为在中世时期人们依赖其他作物，但在近世早期许多人如果有足够的稻米，他们就出卖高价的稻米来购买廉价的其他作物。

民俗学家[5]坪井洋文同样弱化稻米的重要性。他把重点放在“无米饼的新年”（*Mochinashi shōgatsu*）习俗的地理分布上。尽管很多学者坚持认为新年期间献给神的祭品一般是米饼，但他考察了很多地区并没有发现这种习俗。在一些地区，把米饼献给神是一种禁忌。村民说如果违背禁忌，灾难就会降临。在其他一些地区，虽然没有这种禁忌，但通常使用非稻米，如用芋头作为祭品。坪井因此把这样的新年庆典叫作“块茎新年”（*imo shōgatsu*）。在其他地区，稻米食物和其他作物、块茎作为祭品同样重要（Tsuboi 1984: 88—90）。虽然他也承认日本许多地方[6]使用米饼庆祝新年，但他坚持认为新年使用米饼作为祭品仅仅局限在一部分地区（Tsuboi 1984: 152）。 36

因为把这些食物献给神以获得祝福，特殊意义上是更新农业圈，普遍意义上是更新宇宙秩序，所以，按照坪井的解释，在日本许多地方世界秩序的更新是建立在稻米以外的食物基础上的。依据他的观点，普通日本人的生计维持依靠的是块茎和其他作物而不是稻米，稻作农业仅仅受到上层阶级支持。

作为稻米生产者的农民与作为稻米消费者的农民

对非稻米作物重要性的解释差异部分依赖稻农是否也是稻米的

5　在当代日本，民俗学（folklore school）与民族学（ethnology）有区别，但两者都称为 *minzokugaku*。在 *zoku* 上他们使用不同的字，民俗学意为“风俗”，民族学意为“民族”。在我看来两者的差异仅仅是表面上的，尽管各自的研究方式定义了一般的概念。

6　他总结出有以下地区：东北、北陆、中部、近畿和九州。

消费者。网野善彦引用过的农妇的个案提供了一个主要的例子，稻农把稻米作为税时有可能以黍米和其他作物作为主食。但一般说来，来自中世时期的证据是没有说服力的。

对近世早期来说有更多的信息可利用。幕府执行一项新政策，要求武士居住在城堡内，使武士与农民阶级严格区分开来。另外，幕府制定了一项新的税收制度“石高”（*kokudaka*）——以稻米作为税款。因为藩主阶级不能直接监督农民的劳动，所以就展开详细的村庄地籍调查，以此来评估稻米的产量，并使用“石”（*koku*）来衡量（5.1普式尔，或180公升；“高”［*daka*］在石高制中是“石”［*taka*］，即“产出”）。

征税的职责落在了村庄头人的肩上（见Vlastos 1986: 9）。头人代表的是一个社会组织“五人组”（*goningumi*）——一个邻里组织——而不是个人或家庭。学者们认为委派公共职责给一个社会团体对日本社会组织的形成至关重要，并为政府对基层的控制提供了一个结构基础。

37

在向农民抽取农产品时，近世早期的幕府政府采取了积极的措施鼓励农业生产。例如，1642年政府颁布了一道法令，指导农民不要吃或储藏大量的稻米而只吃杂粮。1649年政府颁布的《庆安御触书》（*Keian no ofuregaki*）规定农民要起早贪黑地劳动，禁止他们平时消费大量的稻米，鼓励种植杂粮以自给（转引自Kitō 1983a: 43; Koyanagi 1972: 155—162; Tsukuba 1986: 118—119）。幕府的政策有“一个目标，即对儒家道德的推崇如对大名（日本封建时代的领主）财富的狂热一样”（Vlastos 1986: 31）。

这种税收制度及其具体实施的效果在不同地区和不同历史时期

有不同的变化。公认的措施是“四公六民”（*shikō rokumin*），也即产量的40%作为税款。很多人认为这个规定经常被违背，更高产量的稻米被作为税款，只留下少量给农民自己消费（如，Tsukuba 1986: 118）。虽然这是一个共识，但弗拉斯托斯（Vlastos 1986: 30—41）对福岛地区作了详细的研究后，指出农民可以“保留增产的一部分”，这是由可耕土地、技术的改进和劳力的集中投入带来的（1986: 30）。他还指出幕府政府和藩主阶级不会太虐待农民以免他们会放弃农业生产（1986: 33—41）。

确实，这个时期人们的膳食是多样的。这种关系经常被引用的是田中休愚（Tanaka Kyūgū）撰写的《民间省要》（*Minkan Shōyō*），该书描写了巨峰时代（1716—1735）江户（东京）附近村民的膳食方式。水田附近的农民吃和其他食物一起烹煮的稻米，反之，山区的农民不吃稻米，即便在新年的头三天也如此。他们一般吃黍米、小麦以及大量的野生植物（转引自 Kitō 1983: 44）。

近世早期农民并不总是能够享受他们剩余的农产品；农民暴动频仍。1590到1867年间，通常在饥荒时期，出现了2800余次农民骚乱，特别是在18世纪30年代、80年代和19世纪50年代。天明时代（1781—1788）著名的天明饥荒，据报道有200万人死于饥饿（Hane 1982: 7; Waethall 1986: XI），这证明了农民的苦境。1590—1699年间在日本乡村有2755起暴动，158起（5.7%）是稻米骚乱，另外214起（7.7%）是社会劳动者要求获得稻米；总的372起（13.1%）暴乱与稻米问题相关。在同一时期的城市，有241起暴动是稻米骚乱，其中34起是要求获得稻米，构成了城市全部骚乱的73.3%。近世早期城乡暴动包括了372起稻米骚乱（Aoki 1967: 40—45）。 38

在近世早期最后几年农民的暴动数量愈来愈多且更激烈；484起农民抗议（百姓一揆）和353起村庄骚乱（村方骚动）被记录，虽然后者没有直接涉及藩主阶级。逐渐增加的暴力伴随着这些骚乱。1866年位于大阪附近的西宫妇女要求廉价的稻米，导致了持续两周的骚乱且毁坏了866户富裕人家的财产。紧随西宫骚乱，江户附近秩父地区的贫农袭击了四个米商，在几百个村庄发动了450次突袭（Vlastos 1986: 159）。这些农民暴动的目标是地方权威和地方富人，不是基本的社会改革或不平等的解决（Katsumata 1985）（关于请愿等等详见Walthall 1986; 1991；对历史上抗议运动的理论探讨见Pharr 1990: 15—38）。

近世早期农民膳食方式的图景远没有被完全理解，仅仅得出一些试探性的结论，尽管对这个时期而言有许多资料还可以利用。无疑，稻米税制度在许多地区对农民的影响起了反作用。农民的暴动证明了在此时期稻米一定在他们的日常膳食中具有重要意义，至少在一些地区是这样。没有理由认为他们对稻米的需求仅仅只是为了仪式的目的。

在明治和大正时期，农民的生活很少有改善（Koyanagi 1972: 162—189; Yanagita 1982e: 168），骚乱持续。1918年富山地区渔民的妻子抗议高价稻米。到了8月示威者袭击米铺和其他商人，酿成了大规模的稻米暴乱。在这些稻米暴乱中大约有70万参与者，30%—40%是部落民，在20世纪20年代的稻米暴乱中他们是领导者（Hane 1982: 160—161）。近世早期部落民由一些少数民族组成。20世纪20年代马克思主义的影响传入日本，部落民的解放运动最为活跃。无论有什么诱因存在，值得注意的是其祖先来源于中世晚期

的非定居人群的部落民，在稻米骚乱中担任领导，而稻米是定居人 39
群的象征。

大正晚期，日本努力迈向工业化，城市的公司试图用一日三餐保证米饭来吸引乡村妇女成为工厂的工人（Koyanagi 1972: 156—157）；在乡村是不可能如此奢侈的。不用说，工厂的条件相当糟糕。这种激励机制也说明了稻米对乡村民众来说是重要的食物，而他们常常得不到满足。

稻米作为日本人主食的疑问

如果在历史上稻米不是日本人膳食的一部分，那依据其数量价值或依据其定义，其作为日本膳食特色不可或缺的一部分，何时成为了日本人的主食？关于这个问题学者的意见是多样的。根据佐佐木（Sasaki 1983: 292）的看法，城市人一日三餐吃米饭仅仅在近世早期的中叶（1603—1868）。筑波常治（Tsukuba 1986: 106）认为大部分日本人开始吃稻米是在明治时期（1868—1912）。

除了因为品种和技术的改进所带来的高产量外，还有两个主要的事件使稻米成为大部分日本人的主食。第一，由于幕府政府采用征兵制，每天为来自杂粮地区的士兵提供米饭。显然，这个政策仅仅影响到男性人口，很多学者忽视了这一点。第二，1942 年颁布的《食粮管理法》，主要管理食物的供应和配给，把稻米输运到了只生长杂粮的岛屿和偏远地区（Tsuboi 1984: 68）。

渡部忠世（Watanabe 1989: 083）认为，大部分日本人把稻米作为主食是在 1939 年食物配给制开始实行时。他还认为近世早期

（1603—1868）90% 的人每天或多或少会吃点米饭，其中一日三餐都吃米饭只有 80%；余下的 20% 大概一半的时间吃米饭，更少的人仅仅偶尔吃吃。多尔（Dore）认为，到了 20 世纪 30 年代，“吃白米饭才成为每个日本人与生俱来的权利”（[1958] 1973: 58—59）。其他学 40 者认为在日本东北地区，除了武士和上层商人，直到 20 世纪 60 年代，许多人仍只吃黍米（如，与 Itoh 的个人交流，1990；Ōbayashi 1973: 5—6）。

“二战”期间，国产稻米供给士兵，其他人只能消费进口稻米或其他替代品。稻米短缺造成了日本人对国产稻米的强烈需求。北川裕子（Kitagawa Hiroko），名古屋一位 58 岁的家庭妇女，回忆战时日本的景况，希望有一些稀粥，如果可能更想吃“一碗白米饭”（《朝日新闻》，1990，6，30）。

“二战”后日本膳食中的稻米

“二战”后，日本人特别渴望稻米。稻米成为短缺供应中最想获得的食物。稻米短缺引发抗议，学生们手执红旗，象征他们与日本共产党之间的同盟，要求开仓放粮，他们认为稻米被储藏在皇室仓库中。当日本在战火的余烬中重建家园时，许多日本人有一个一日三餐吃米饭的短暂时期。多尔（Dore）记录了 1955 年乡村人民经济地位的改善，他惊讶地观察到：

> 没有改变的是稻米在膳食中的中心地位。我很难解释篠原人怎么会那样，英国人的主食是面包而不是米饭，我们每餐

不会吃一整条或两条面包。篠原膳食一日三餐的中心是一碗白米饭——干重活的男人可以再添几次，但干重活的女人要少点——其他都是副食。（Dore 1978: 86）

多尔的观察与今天许多老人的回忆相似，某些日本人特别是乡村地区，仍然消费大量的稻米。

如果想从20世纪70年代以来的稻米消费来测量相对富裕的情况，就会遇到一个悖论：快速的富裕却减少了稻米的消费。富裕因此倾斜了大量稻米与大量副食之间的平衡，现在大量的稻米配少量的副食是穷人的标志。当代富裕的日本人，像品酒家一样（参见Dore [1958] 1973: 59），发展出一些有差别的口味：煮熟的米饭必须要有光泽（艳）、黏性（粘）、好吃（味）和白净。

但是这个模式在富裕之前就存在。多尔吃惊于大量稻米的食用，41 1955年他在同一个地方也观察到一次宴席：

在节日场合，可以确定的是，当清酒或啤酒或本地酒（为妇女）呈上时，人们一边喝酒一边吃配菜——直到主人或他的妻子，也许看到客人有些衣冠不整，说："我们现在可以开饭了吗？"米饭的呈上标志着喝酒的结束，客人尽情地吃大量的天妇罗、刺身和豆腐，只吃一小碗米饭。米饭仍然是膳食结构的主角。（Dore 1978: 86；着重点为引者所加）

当能够负担时，人们一般多买副食，稻米的消耗量就相应地变少了。

外国食物的输入更减少了日本人对稻米的需求。城里人对稻米的消费从一日三次到一次或两次。早餐被面包所替代。多尔（Dore [1958] 1973: 60）认为在1951年面包开始作为早餐。他发现面包很受家庭妇女的欢迎，她们不用很早就起来煮米饭了，因此能够多睡一会儿。

20世纪90年代，午餐以传统的面条为特色，年轻人喜欢意大利面条、汉堡包和披萨。许多日本传统食品仍然需要稻米来制作，如寿司和丼物（*donburimono*），即鸡肉、蔬菜等盖浇饭。把米饭和海菜等配料一起捏成各种形状，叫“握饭”（*nigirimeshi*）或“御握”（*onigiri*），开始重新兴起，许多流行的西式菜肴，如牛排、汉堡包、炸猪排等和米饭一起出售。

许多日本人的晚餐继续在家里吃米饭；晚餐没有米饭就如美国人进餐没有三明治。但并不意味着需要大量的米饭。在平时的晚餐中，除了米饭还有副食。在特别的场合，比如招待客人，一般以吃副食为主。尽管有很多副食，如缺少米饭这顿宴席也是不完整的，通常在最后会上少量的米饭。在宴席的尾声，主妇必须问客人：“你是喜欢御饭，还是茶泡饭（*ochazuke*）？”日本人，特别是老人在国外旅行时常常抱怨进餐没有米饭；没有米饭，不管吃什么都没有满腹感（*manpukukan*）。

传统日本的和食在特殊场合有相当大的回潮。许多饭店用精美的和食照片来吸引消费者，同时提供不同品种的和食。许多时尚的旅馆和大饭店拥有西式、中式和日式的高级烹饪。例如，位于东京中心地带高耸的东芝大厦一楼就有7家精致的日式餐馆，两家高级的西式餐馆，一家既大且好的中式餐馆和一家温蒂快餐店。

稻米的数量和质量价值

尽管对日本稻作农业和稻米有不同的解释，学术争论的焦点集中在日本社会过去非精英阶层中，稻米是否是主食。这些高度分歧的观点共享几个要点：第一，许多学者认为过去日本人的饮食习惯按地区、阶级等等因素具有相当大的差异性。地理因素特别重要，生活在平原、山区和沿海地带的人吃各自地区生长的作物，因此，他们依赖不同的特殊食物，特别是稻米。[7]饮食习惯取决于地区多样性，包括稻米的处理，当比较日本东西部时就会发现有这样的差异。第二，许多学者也同意作为主食的稻米，不管是数量还是质量上都被天皇、贵族、武士和富商等精英所推崇。稻米文化是藩主文化（*ryōshu bunka*），一般是地区藩主和精英的文化。第三，虽然稻米并不是所有日本人的主食，但许多人都同意从水稻引入日本后，稻米成为许多日本人仪式场合的主要食物类别（Amino 1980: 69），尽管在一些地区没有用其来庆祝新年。第四，在近世早期稻米成为政治经济、意识形态和许多日本人的中心。

稻米的数量价值远还没有得出最后的结论。在宽泛的意义上，可以肯定的是稻米长期不能满足非精英阶层的数量需要，包括生产稻米的农民。长时期的稻米短缺使之成为一种强烈的欲求以至于晚上做

7　这个发现并不奇怪；在另一个吃稻米的国家中国，稻米在数量上对全部中国人并不重要："仅仅在东南部小块冲积平原稻米是主食，也仅仅在华南和华中的冲积河谷稻米完全是主食"（E. Anderson 1988: 142）。今日中国，稻米只提供了 40% 的淀粉（E. Anderson 1988: 142）。

43 梦都会梦见它。也许在近世早期什么时候技术的提高使高产量成为可能，穷人的膳食以大量的稻米和很少的副食为主，反之许多富人则花钱在副食上。这个模式一直持续到20世纪90年代。因此，富裕带来一个基本的悖论——更注重稻米的质量，而数量需求持续下降。数量的价值是奇怪的，一小碗米饭是必要的，但当欲求大量稻米时则标志着生活水平的下降。

我把本书的剩余部分留给稻米质量的重要性，也即日本文化赋予稻米的意义。

第四章　宇宙起源和宇宙观中的稻米

44

显然，稻米在日本膳食中占据了一个特别位置。虽然稻米从没有在数量上成为所有日本人的主食，但总是仪式场合使用的食物。柳田国男（Yanagita 1982d: 159—160）指出，在所有作物中只有稻米据信具有灵魂，需要仪式表演的伴随。相反，非稻米作物被看作是"杂粮"，被放到了剩余的范畴。

我检视古代日本的文化制度和主要象征符号，其显示了稻米蕴涵的力量和意义的逐步但决定性的发展过程。稻米至高地位的最初发展是与它的象征等同于神以及与古代皇室制度的紧密关系相关的。日本最早的作品——《古事记》（712）和天武天皇（672—686）向外宣示皇统下令编撰的官方历史《日本书纪》（720）。尽管其他作物也被描写为献给神且与稻米一样重要，但这两部书大量篇幅赋予了稻米特别的意义，揭示了在这些神话-历史的编撰时代，稻米怎样逐步在各种作物中获得支配地位。

宇宙起源中的稻米

古代皇室制度

稻作农业的传入和公元4世纪末应神（Ōjin）天皇在临近今天的大阪建立大和国、日本王权出现之间，几乎有6个世纪（Waida 1975: 319—320）。早期日本王权经历了重要的转变，直到政治、经济和象征基础变得稳定。例如，根据梅斯（Macé 1985）的观点，在8世纪早期天皇的葬礼发生突变。721年元明皇后（Genmyō）死后，丧礼一周她的尸体就被火化后埋葬。这与前一个文武天皇（Monmu）的葬礼大不一样；他的尸体在下葬前临时停厝（*mogari*）持续6个月。土葬是漫长精细的哀伤仪式，一般会持续几个月到几年（Macé 1985: 58），期间为尸体建造一个特别的小屋。怎样保存尸体没有这方面的描写，但明显的是让其逐渐腐烂（Macé 1985: 58）。土葬时以马或者人殉葬，葬礼出席者游部（*asobibe*）携带武器进入哀悼小屋，象征性地与死亡搏斗。这些特点与其后发展的本章要描述的丰收仪式和皇室践祚仪式形成鲜明对比。

45

《古事记》和《日本书纪》所记载的第8世纪的神话-历史——充满了稻米的象征主义——揭示了它的渐进过程，由之农业宇宙观和仪式成为古代皇室制度的保障。虽然天武天皇下令编撰神话-历史来建立日本的官方历史（见第六章），但其书写超过了几个时代，因而不能代表单一的官方观点。它们包括了特定主题持续的变化，显示了那时候农业习俗中的神话和仪式的重要差异。宫廷中的稻米丰收仪式是模仿那时民间的丰收仪式；甚至当代的仪式图景也还保留了早期的

民间宇宙观的特点。(见 Ohnuki-Tierney，1991b 对日本皇室制度的详细描述)

古史中作为萨满的天皇

皇室制度起源于政治-宗教首领，是建立在先前几个世纪逐渐发展起来的稻作农业基础上的。这些早期的农业首领，包括早期的天皇是巫术-宗教首领，萨满和政治首领[1]，其权力来源于他能够祈求超自然力量来保证好的收成。因此，年度丰收仪式目的是合法化地方首领，保证首领的再生和权力的更新(见 Murakami 1977: 4—6)。为此，许多学者(如，Akasaka 1988; Hora 1979, 1984; M. Inoue 1984; Miyata 1988: 190—194; 1989; Murakami 1977, 1986; Okada 1970; Yamaori 1978; Yanagita 1982d)认为，天皇是稻灵的主宰者(*inadama no shusaisha*)，为民祈求神对新米的祝福。他们同意日本王权的焦点是宗教-仪式性的，甚至马克思主义学者村上重良(Murakami)也持同样的观点，强调日本王权不是单一的政治性的。

46 早期首领，包括天皇的农业仪式的宗教、政治和经济本质，在词语“政”(*matsurigoto*)中得到清楚的表达，这是那时律令制(*ritsuryō-sei*)的概念基础(比照 Kitagawa 1990: 138—189)。三矢重松(Mitsuya Shigematsu)、安藤小泽征(Andō Seiji)和折口信夫(Orikuchi 1975a: 175—177; 1975b: 160—161; 1983: 275—277)进一步的解释认为，早期使用的“祭”(*matsuri*)在当代日语意为节日

1　见角田柳作和富路德(Tsunoda and Goodrich 1968: 14—15)关于中国王朝史上一位叫卑弥呼的日本女王的描述，据说她用魔法和巫术来迷惑人民(也见 Sansom [1931] 1943: 29)。

和仪式，即 osukuni no matsurigoto（食国政）。这三个字代表“吃”、“国家”和“政体”，这个词组意味着国家是为神提供食物而建立的。[2]换言之，食物和食物消费是那时政体的核心部分，稻米开始作为食物的代表了。

在不同的历史时期虽然增加了其他仪式，特别是在明治皇室制度“恢复”时期，但天皇主持的跟水稻丰收相关的皇室仪式有：新尝祭（*niinamesai*）、大尝祭（*ōnamesai, daijōsai*）和神尝祭（*kannamesai*）。年度新尝祭在新天皇践祚时变为大尝祭，作为三个践祚仪式的最后一个，紧随践祚［*senso*，包括贤人统驭（*kenji togyo*）］和即位礼（*sokui no rei*）。虽然新尝祭和大尝祭没有什么区别，但举行稻收日仪式时新米是献给伊势神社而不是皇宫的（Orikuchi 1975a: 183）。

直到公元 7 世纪晚期，新尝祭和大尝祭才意为同一个仪式。虽然对新尝（*niiname*）有多种解释，但主要的解释是尝新米（*name*“尝”；*nii*“新”）。折口信夫（Orikuchi 1975a: 180—181）认为，*ōname* 来源于 *nihe no imi*（*nihe* = *nie*“献给神”；*no* = 附身；*imi*“禁忌”），意指大尝祭前仪式的司祭（天皇）所遵守的禁忌。[3]

---

2 折口信夫进一步提出人遵从神命的观念（1975a: 178—179）。中央政府为了献祭从乡村各地收集新米。神给予人稻种，人遵从神命和把收成献祭给神的宗教行为反过来促使了从人民那里收集稻米的政治行为。因此，国家首脑有责任监督稻米的生长。许多学者都接受折口对古代日本“政”和灵魂概念的理解。但是，他对日本天皇制度的推论和民族主义的解释被完全否定。

3 尽管许多学者都认为新尝祭和大尝祭是同一个皇室丰收仪式，一些人认为两者都应该叫新尝祭（T. Tanaka 1988: 29），而其他人则认为应该叫大尝祭（Orikuchi 1975a: 180—181; K. Sakurai 1988: 33），还有人认为大尝祭只是比新尝祭更优雅的叫法（Murakami 1977: 13）。公元 673 年（天武天皇［667—686］统治的第二年）后，新尝祭指年度皇室丰收仪式，而大尝祭则指新皇践祚仪式（Murakami 1977: 13; T. Tanaka 1988）。

1928年，折口信夫提出大尝祭是在大和首领控制东日本前确立的，因为东部地区没有这个仪式的记录，仪式所用的新米必须要产自位于京都东南和西北指定的稻田（Orikuchi 1975a）。横田贤一（Yokota 1988）附和折口的观点，推测仪式的基本结构是在弥生时代（公元前350—公元350年）后期确立的，尽管其他人认为还要推后。

《日本书纪》（神武天皇记）第一次提到新尝祭，暗指这个丰收仪式是由传说中的第一个天皇神武（Jinmu）所主持的，其统治从公元前660到公元前585年。在这段出处中，仪式涉及的最初的神（*saishin*）是日本宇宙观形成时三个创造神之一的"高皇产灵神"（Takamimusubi no Kami）。《日本书纪》对二十二代清宁天皇（Seinei）（公元480—484年）的描述，显示了皇室尝新仪式此时已形成。据说天皇在霜月（*shimotsuki*，阴历十一月）敬献了新米，以此作为"大赘"（ōnie）（Miura 1988: 143; Murakami 1977: 12—13）。上田贤治（Ueda Kenji 1988: 32）认为，新尝祭的基本形式在天武天皇（公元667—686年）时已确立。到了平安时代（公元794—1185年）早期，仪式已形成但与作为原型的民间丰收仪式有相当大的差别（Murakami 1977: 12）。

47

如果仔细考察皇室丰收仪式的内容，仪式确立的时间问题变得更加复杂。仪式可能起源于两个单独的仪式，每一个敬奉不同的神，最后在一个仪式中合二为一。两个仪式的合成以及天照大神作为日本女祖的中心位置仅仅是在大和国建立后发生的。

此外，另一个践祚仪式，起源于中国但独立为大尝祭，很早就有了。桓武天皇（Kanmu，公元781—806年）践祚时，这个起源于中国的仪式作为践祚祭典就形成了。结果，大尝祭被看作为祭典而不是政治事件。大尝祭最早的形式包括践祚（贤人统驭），期间皇室的三件宝物镜子、宝剑和勾玉（*magatama*）被传交给新皇。三件宝物是在弥生时代从貌似贵族的坟墓中发现的，是王权和政治领导人的象征。践祚从大尝祭中独立出来。因此，从天武时代开始，皇室践祚就牵涉到三个独立的仪式：践祚（包括贤人统驭）、践祚仪式和大尝祭。其中，践祚在天皇死后立即举行，王权的三个象征立马就交给新皇帝。践祚的时间安排与一个事实有关，不像中国和韩国皇帝死后新皇立即践祚，日本人讨厌死亡的污秽，要求在葬礼上处理完因上任天皇的死亡而造成的污秽，其后才举行践祚仪式；在之后新皇才能践祚（M. Inoue 1984）。尽管有这些变化，7 世纪中期天武天皇时代以后大尝祭才成为新皇践祚的核心（Murakami 1977: 21—22）。所以，一些将军在财政上给予支持，以保证天皇主持的这些仪式能顺利进行。

48

因为这三个皇室仪式都是稻米丰收仪式，具有许多共同点，我把讨论限制在皇室践祚仪式一部分的大尝祭，这也是最重要的部分。[4]

大尝祭：皇室践祚仪式

皇室丰收仪式大尝祭[5]，主要是模仿古代日本民间的丰收仪式

4　对皇室制度的评论见 Nihiname Kenkyūkai 1955; K. Sakurai 1988; T. Tanaka 1988; Ueda Kenji 1988; Yamamoto, Satō, and staff 1988: 224—231; Yokota 1988。英语对皇室制度的描写见 Ebersole 1989, Ellwood 1973, Holtom 1972 和 Mayer 1991。

5　现在 *daijōsai* 的发音更流行，虽然我使用直到最近还比较习惯的叫法 *ōnamesai*。更正确的读法是 *ōname matsuri*（所有的字用训读）或 *ōnie matsuri*（见 Bock 1990: 27）。

大尝祭是主要的践祚仪式，如果践祚发生在 7 月前就在本年举行，如果发生在 8 月后就在次年举行。即使先皇之死有必要举行践祚仪式，也要在次年的 11 月举行，以便有一段哀悼期。仪式日期通常在阴历 11 月的兔日；如果 11 月有三天

（Yanagita 1982b: 133—134），已经历了很长时间。在清宁天皇统治时期（公元 480—484 年）最早提及（Miura 1988: 143）。皇室制度建立后天照大神在仪式中才被涉及；在早期仪式中提到了各种生产和生殖神（参见 Orikuchi 1975a: 236—237）。[6]

（接上页）兔日，那就在中间那天（Hida 1988: 214）。自从明治政府采用了阳历，仪式日期就定在 11 月 23 日。一般在东京前的首都京都举行，除了明治天皇，他在东京举行是为了强调在新首都恢复皇室制度。

折口的文章（1975a）最初是在大正天皇死后、昭和天皇大尝祭之前的 1926 年 9 月提交的一篇讲稿，对任何大尝祭讨论都十分重要。英语对大尝祭的描述见 Bock 1990; Ellwood 1973; Holtom 1972。

6　折口（1975a: 178）认为祭神（*saishin*），所祭之神是天津神（*Amatsu kami*）。在别处他认为天皇是日之神子（*hi no miko, hitsugi no miko*）（1975a: 194）。村上重良（Murakami 1977: 19）提出神皇产灵神（Musubi no kami），万物的创造者（Shimonake 1941b: 332—333），是最早的祭神。它是个女神，具有人格化的生殖力以及一般的创造力。村上（Murakami 1977: 19）进一步相信神皇产灵神起源于谷魂，后来更明显地受崇拜。虽然村上（Murakami 1977: 19）没有明说大尝祭涉及天皇和神之间性的结合，但他认为天皇是男性，而在仪式期间与他结合的神是女性。

松前健（Matsumae 1977: 105—106）认为有两个神是大尝祭最早祭拜的：高皇产灵（Takami musubi）和御馔津神（Miketsu kami）。当日本宇宙出现时高皇产灵是三个创造者之一（Shimonake 1941a: 426）。他也是最早的农业神和皇室家族的生殖神（Matsumae 1977: 97）。御馔津神是食物神（Shimonake 1941b: 290）。

高皇产灵很像一个候选者，因为在天照大神出现前，他也是皇室家族的祖先神。天照大神最早仅仅受伊势地区的人崇拜，因为该地区在大和的东部，因而被皇室认为是天照大神的居所。一些学者说她开始是日神的妻子（如 Saigō 1984: 87—90）。皇室后来把她改造为太阳女神，即皇室世系的先祖。一些人认为天照大神发展为皇室女祖先大概在 6 世纪，而其他人则认为是在 7 世纪，当时祖先崇拜在民众中得到发展。关于不同的学者对该问题的详细讨论，见松前（Matsumae 1977: 90—137）和坂本太郎等（Sakamoto 1967: 554）。

在我看来，太阳女神是一个农业生产之神，因此，在概念上等同于其他生产和生殖神。

大尝祭在春天（2月到4月）开始准备，先于秋天的主要仪式（Kōshitsu Bunka Kenkyūkai 1988），即通过占卜来选择两块稻田的地点——悠记（*yuki*）和主基（*suki*）。[7]献祭用的稻米产自这两块稻田，为防止被污染需要精心照顾。两块稻田位于京都的东南和西北，分别象征日本国家。天皇和日本民众为11月的祭典举行系列的净化仪式。平安时代11月大尝祭的整个过程要持续4天，由7个部分组成（Hida 1988: 214; Kurabayashi 1988: 37）。虽然仪式的持续时间和细节经历了历史的变迁，但基本上有以下几个程序：镇魂（*mitamashizume*），灵魂的更新；神馔（*shinsen*），新天皇向神敬献新米；直会（*naorai*），天皇与神共餐；宴（*utage*），天皇作主招待的人与人的共餐宴席（Orikuchi 1975a: 239; Yoshino 1986: 13—20）。

对这些仪式，最困难和最有争议的解释是"镇魂"，在公开祭典的前晚举行，一直要持续到黎明。这是一个严格秘密的仪式，期间天皇躺在安放在天磐座（*madoko*）的一张真床（*ohusuma*）上。同时，一名宫女，有时两名（Miyata in Amoni, Ueno, and Miyata 1988: 52）举行仪式接受离开天皇的灵魂并更新它。因为镇魂是秘密仪式，所以很少有不同历史时期发生事情的相关信息可供利用。甚至今天还禁止公开谈论它。

7　折口（1975a: 185）强调新尝祭/大尝祭和神尝祭（*kanname*）之间的区别。在新尝祭和大尝祭中，天皇用产自两块专门稻田的新米作为献祭；而在神尝祭中，新米则取自日本各地。如果大尝祭的两块专门稻田是作为整体日本的象征表征，那么两种类型仪式的区别是无意义的，至少在概念层次是这样，尽管从政体的角度来看非常重要。

对此有三个主要的解释进路。第一，通过仪式性更新天皇的灵魂，使他在翌日精神力量达到最高点时能够主持大尝祭（Murakami 1977: 15—16）。第二，宫女的出现暗示天皇与她发生性关系。第三，在大尝祭举行期间，根据有的学者的观点，死去的先皇腐烂的尸体被放置在圣地。在镇魂期间他的灵魂进入新皇的身体。

要理解镇魂就必须要理解古代日本的"灵魂"概念。根据折口信夫（Orikuchi 1975a: 189—190）的观点，古代信仰认为人或物的灵魂在冬天膨胀春天萎缩。它分裂并容易离开人的身体。某人要继续成活，外在身体的一个灵魂就要依附在这个人的身体内，这个行动叫"魂振"（*tamafuri*），或者在以后的历史中被概念化为"镇魂"（*tamashizume*），灵魂必须被重获。镇魂（*Mi* 是政体形式的前缀词）仪式首先是更新天皇的灵魂，因为灵魂可能因膨胀或萎缩而离开他的身体。

性行为与灵魂更新理论是相容的，如果考虑到古代日本的生产与生殖被看作是同一回事，两者都根据灵魂被概念化。词语"结"（*musubi*），一方面指灵魂被压缩在一个结上，另一方面指生产与生殖。因此，用一条带子、一根枝条或一片草打结的行为在《万叶集》和同时期的其他文学中被描述，这种行为是一种把灵魂压缩在一个结上的仪式性行为。在举行镇魂仪式时，作为仪式性行为，一团棉花被打结以抓住准备离开天皇身体的灵魂（Matsumae 1977: 96—97）。但是，*musubi* 也意谓生产和生殖：*musu* 指生殖，*bi*（*hi*）指生产或在阳光下生长（Ebersole 1989: 42, 56; Matsumae 1977: 96—97）。如用当代的观点去看待天皇与宫女（或圣女）的睡觉仅仅是一种性行为，则总体上误解了它在古代日本的意义，那时性交是与灵魂更新相关的，反过来又是农业再生产的一个必要条件。

第三个看法最早由折口信夫（Orikuchi 1975a: 194）提出，他认为日本天皇的独特特征是他拥有“皇室灵魂”。因此，根据他的观点，大尝祭是仪式地使已离开先皇身体的灵魂进入新皇的身体，所以，保证皇室灵魂的直线传递对日本皇室制度而言是至关重要的。他还认为新皇通常会咬已死天皇的尸体，以使后者的灵魂能够进入他的体内（与宫田登的个人交流）。[8] 折口的解释尽管值得商榷，但他开启了比较王权的一个重要问题——王权的连续性或不考虑个体皇帝的皇室制度——随后我会再讨论这一点。

秘密仪式结束后，天皇把各种食物祭献给神。最重要的祭品是由前面提到的两块稻田出产的新米制作的食品：熟米、米粥、白米酒、黑米酒（用植物灰或后来用黑芝麻来上色）。其他祭品包括煮熟的新收获的意大利粟米（*awa*）、鲜鱼、干鱼、水果、汤和炖品（*oatsumono*）（Kōshitsu Bunka Kenkyūkai 1988: 104—105; Murakami 1977: 18）。这些食物被祭献后大概两小时，就被神和天皇一起吃掉（直会）。大尝祭的尾声是天皇和客人一起共享一顿精美的宴席（*utage*）。在为昭和天皇举行的大尝祭期间，宴席一直持续了两天。

大尝祭与神话-历史

不像马林诺夫斯基所宣称的神话为行动和仪式表演提供许可证，西乡信纲（Saigō 1984）和其他学者认为日本最早的两部作品——《古事记》和《日本书纪》——在事后试图证实宫廷丰收仪

---

8 折口（1975a: 195）完全拒绝性交的解释，这与他关于灵魂的观点相反。

式的存在。[9] 系统化的比较较为困难，因为这些口述神话–历史被记录下来经历了很长时间，而且保留了许多看起来是同一情节和主题的不同版本。[10] 尽管如此，有两个情节与皇室丰收仪式是相似的。

在通常题为“天岩户”的那段中太阳女神（天照大神）居住在“天岩户”（*ame-no iwaya*），因为她的兄弟侮辱冒犯了她，于是就孤居在这个洞里。[11] 许多神吵闹地聚集在洞口大笑作乐。一个叫天钿女命（Ame-no Uzume no Mikoto）的萨满–神，在洞口半裸着翩翩起舞，引起一片骚乱和哄笑。有个神从洞口前面的树枝上拿起一面八尺镜，告诉天照大神，在洞口前天钿女命神比她优越。出于好奇她偷看了镜子并误以为镜中的自己是高级的神。当她从洞中出来后，太阳再次普照宇宙（Kurano and Takeda 1958: 81—83）。[12]

这段故事经常被解释为太阳女神死亡与再生的象征表演（Saigō 1984: 78—87; Orikuchi 1975a: 198），与镇魂仪式中天皇的灵魂的传递是相符的。像神话中的天照大神一样，当他的灵魂“分离”准备离开身体，再返回更新时，天皇被隔离孤居。同样，在举行镇魂仪式时宫女的行为被认为类似于在天照大神孤居的洞口前天钿女命的舞蹈（Matsumae 1977: 119; Murakami 1977: 15—16）。 51

9　一些人认为神话–历史与大尝祭没有什么联系，而且还认为神话–历史应该与整体的践祚仪式进行比较，而不能单独与大尝祭比较（Hida 1988: 215）。

10　有些明显是早期的版本，有些则是后来的版本。如，《古事记》和《日本书纪·卷一》是天照大神成为皇室女祖先后写成的。

11　西乡信纲（Saigō 1984: 78—80）强调天照大神不是“隐藏”在“洞”里，但是那个行为代表她仪式性地脱离世俗社会隐居在“岩屋”（*iwaya*）中，一所建筑物，不是洞。

12　在《古事记》和《日本书纪·卷一》中这个情节是后来的版本。菲里皮（Philippi 1969: 81—85）作了英文翻译。

神话–历史的第二段故事认为与皇室丰收仪式一致的是“天孙降临”（*tenson kōrin*）——降临的天孙叫瓊瓊杵尊（Ninigi-no Mikoko），他蜷缩在一张真床上被天照大神派往管理人间。[13] 这段情节被认为与在举行镇魂仪式时天皇蜷缩在床上一致。

神话–历史中的稻神

神话–历史中不仅有与大尝祭相似的情节，而且还充满了稻米以及稻米与神的关系。因此，稻玉（*ina dama*，或 *ina-damashii*）被看作神，叫作“仓稻魂命”（*Uka no Kami*）。关于这个神的起源有各种版本。[14] 在《日本书纪》中各种作物起源神话的一个版本记载（Sakamoto et al. 1967: 100—102），当掌管食物的保食神（Ukemochi-no-Kami）把他的脸转向土地时，米/米饭从他嘴里倒了出来，而转向大海时各种鱼从她嘴里倒了出来，保食神被杀时，各种食物从尸体内涌现出来：腹出米，颅出黍，眼生稗，肛门出麦豆。虽然眼和肛门是重要的器官（Ohnuki-Tierney 1987: 42—43），但腹部在日本身体观中一直是最重要的，直到今天也如此（见 Ohnuki-Tierney 1984: 57—60）。灵魂被认为居住在腹部，因此，著名的男性自杀文化就是男人剖开腹部以释放他的灵魂。腹部是胎儿居住的地方，所以那里被认为是人生命的居所。腹部给定的中心位置，在神话–历史中意义重大，

---

13 在主要文本和《日本书纪·卷一》第 4 节、第 6 节，是高皇产灵而不是天照大神把蜷缩在真床上的皇孙瓊瓊杵尊送到了人间（Matsumae 1977: 95—96）。

14 关于《古事记》，见 Kurano and Takeda 1958；关于《日本书纪·卷一》第 6 节、第 7 节，见 Sakamoto *et al.*, 1965，1967。*Uka-no Kami* 被叫作 *Uka-no Mitama*（*Uka* = *Uke*“谷物”；*Kami*“神”；*Mitama*“神魂”）。

稻米被描述为起源于腹部——灵魂和胎儿的居所，而其他作物却起源于身体的其他部位。这些描述至少暗示了稻米在各种作物中具有特别的重要性。

在《日本书纪》的另一个版本中，当日本宇宙的创造者伊邪那美（Izanam）和伊邪那岐（Izanagi）生下了成为后来日本的大八洲国（*Ōyashima-no Kuni*）时因饥饿而晕厥，稻神于是诞生（Sakamoto et al. 1967: book 1 no. 1, 90；也见 Itoh 1979: 162—163; Ōbayashi 1973: 8）。《古事记》的一个看法认为稻神是女神调皮的弟弟素盏鸣尊（Susano-o-no Mikoto）的后裔。不管怎样，稻神都与日本宇宙的起源紧密相关。 52

《古事记》记载，太阳女神作为皇室的女祖先确立后，天照大神是稻魂的母亲，其名“正胜吾胜胜速日天忍穗耳命”（Masakatsu Akatsu Kachihaya Hiame no Oshihomimi no Mikoto）（Kurano and Takeda 1958: 111, 125）。她派往治理人间的著名孙子迩迩艺命，也叫“天津日高日子番能迩迩艺命”（Amatsu Hiko Hiko Ho no Ninigi no Mikoto），意为稻穗（Kurano and Takeda 1958: 125）。在他降临人间时，天照大神送给他在高天原（Takamagahara）两块稻田用五谷播种收获的稻种，这些种子是保食神送给她的（Kurano and Takeda 1958；也见 Murakami 1977: 13）。天孙用瑞穗（*mizuho*）和五谷以及天照大神送给他的稻种把荒野变成了稻谷遍野的国家。

《古事记》继续写道，天孙迩迩艺命娶了一个美丽的女子，她生了两个儿子——火照命（Hoderi no Mikoto）和火远理命（Hoori no Mikoto）——哥哥火照命，也叫海幸彦（Umi Sachi Biko），从事渔猎；而弟弟火远理命，又叫山幸彦（Yama Sachi Biko），从事耕种和狩猎。两兄弟决定暂时交换他们的工具和职业。弟弟打鱼时失去了鱼钩。哥哥要他找回来。弟弟寻找鱼钩时走到了海底的海神殿，结果他娶了海神之女。婚后生下了传说中的第一个天皇——神武（Kurano and Takeda 1958: 135—147; Saigō 1984: 168），据说在公元660年践祚。[15]

在这个创世神话中，是掌管土地而不是大海的弟弟成为皇室世系的祖先。虽然弟弟被描写为猎人，但他另一个名字叫“天迩岐志国迩岐志天津日高日子番能迩迩艺命”（Amatsu Hiko Hiko Hohotemi no Mikoto），意为“太阳女神之子和瑞穗之主”（Kurano and Takeda 1958: 135）。海与土的较量，以后者的胜利而告终。这个故事也揭示了稻作农业的最后庆典，弟弟的别名表达了这点，这必须是一个渐进的过程，因为太阳女神的曾孙也被描述为猎人（Saigō, 1984, 106—107）。

53

在这些神话-历史中尽管有许多不同的皇室系谱和版本，这里介绍的很流行的版本，不是关于宇宙的创造而是关于苇原中国（*ashihara no nakatsu no kuni*）如何转换为稻米之乡，根据《古事记》的记载，这是太阳女神的御令，她的后代——天皇，通过主持稻米丰收仪式来统治这个国家（Saigō 1984: 15—29; Kawasoe 1980: 86）。

稻米从古代逐步发展起来的象征优势一直留存到现在。例如，宫田登（Miyata 1988: 193）1986年在鸟取地区甲府城记录的民间故事，传说太阳女神的弟弟素盏鸣尊拜访一富裕人家，但受到冷遇。他

15　据说他登位后，就被称为“神倭伊波礼琵古命”（Kamuyama Itohare Biko no Mikoto）（Kurano and Takeda 1958: 147）。

恼羞成怒，于是命令手下的天花神潜入这家。天花神正准备行动时，发现这家的房屋被注连绳（*shimenawa*）所围绕。因为注连绳是神圣的，常常通过这种绳子来作为空间标志因而变为神圣，所以，天花神无法进入这家。他只得上天向素盏鸣尊汇报，后者命令他仔细检查绳子，以发现是否有粟米秆造成的洞。结果果真发现了这样的洞，天花神得以进入杀了他全家。稻米的优势还反映在它还是五谷之女皇（*ine wa gokoku no ō*）。[16]

日本宇宙观中的稻米：一个诠释

神与反身结构

当代日本学术界对日本神的主要解释是它们从远古时代就被刻画为具有双重本质和力量：善和创造性的平和灵魂（和御魂 *Nigimitama*）与邪恶和破坏性的暴力灵魂（荒御魂 *Aramitama*）共存。这些要素涉及魂（*mi* = 尊敬的前缀标志；*tama* = *tamashii* = 魂）和稻魂（*inadama*）（*ina* = 水稻；*dama* = *tama* = 魂）。

折口信夫（Orikuchi 1965a: 78—82; 1965b: 33—35; 1976a: 303—317）首先提请要注意“稀人”（*marebito*）[17]的这个双面属性。根据折口的看法，“稀人”是日本古代的一个神，从没有衰老和死亡的海的 54

16　Ō 可以译为“王”，但不一定是男性。因为稻米已被性别化为女性，因此译为“女王”更恰当。

17　对“稀人”的进一步讨论，见 Higo（1942: 103—104）; Matsudaira 1977; Ouwehand 1958—1959; Suzuki 1974，1979; M. Yamaguchi 1977; T. Yoshida 1981。对稀人观念在当代民间节日存留的透彻分析，见 Higo（1942）和 Matsudaira（1977）。

另一面定期造访村庄。“稀人”给村民带来好运，尽管也具有潜在的危险。对日本人而言，神是自然的存在，所以神的双重本质也扩展到了自然存在和现象。

我提议从反身（reflexivity）的视角来思考，“稀人”或来自社区及日本外部的陌生者-外来者的神，被建构成日本人的象征他者，其象征地等同于他们的超越自我，这个自我在一个比反身自我更高的抽象层次上被理解。因此，“稀人”神的双重本质就是日本人以双重属性看待自己的一个投射。日本人仪式地利用神的积极力量（和御魂），之所以如此是因为他们意识到神的消极力量（荒御魂）也是他们内在的一部分。从自我与他者的结构来看，人要维持纯洁就必须或者从神身上获得纯洁和活力——和御魂，或者通过制造替罪羊把不洁从自己的生活中驱走（见 Ohnuki-Tierney 1987）。日本人举行仪式的目的就是利用神的活力来更新他们的生命，否则就会衰败退化到不洁状态。

当进一步寻找净化、自我再生和日本文化中镜子隐喻的反身过程之间的象征关系时，“稀人”神提供了一个基本的反身他者的模型。在《古事记》和《日本书纪》中，镜子扮演了重要角色。创世神话中日本人的女祖太阳女神有一个情节，因为一面镜子她从隐居中出来，即再生，日本宇宙因为她的光而再生，她误解自己的像是超越她的神。我想镜子代表她的超越自我。换言之，太阳女神和日本宇宙的再生是通过镜子来推进的，因而在一个较高的层次来作自我的象征理解。《日本书纪》也保留了许多篇幅描写镜子象征地等同于神（Sakamoto et al, 1967：88，146；也见 555, 570—571）。例如，有两个神被描写为从白铜镜中诞生（Sakamoto 等 1967: 88; Aston

1956: 20）。

其他民族志资料也描述了镜子或水中的倒影作为神的体现。日本信仰认为超自然力量能够通过镜子被利用，这点可以由在一座古代坟墓发现的塑像来说明，该像拿着一面镜子靠在胸前。这个叫“埴轮”（*haniwa*）的塑像据说代表了古代的萨满（Yanagita 1951: 94）。甚至今天镜子被安放在许多神社作为被祭拜神的体现（御神体 *goshintai*）。整个日本有许多山谷、池塘、高山、小山和岩石都名“神鉴”（*kagami*），这些圣地被认为是超自然力量居住的地方 55（Yanagita 1951: 94）。

几盎司的神性：作为神的稻米

在日本文化和稻米作为主食的其他文化中，一个观念认为每一粒稻谷都有灵魂且稻米是生活在稻壳中，这是赋予稻米的一个基本意义。例如，传统上消费前会慢慢地脱粒以防止稻米失去灵魂；稻谷不久就失去了生命成为“陈米”（*komai*）。[18]

稻米有灵性的信仰在上述著名的神话–历史所表述的农业宇宙起

18 当代许多日本人不会相信稻米具有灵魂或在外壳包裹下活着。但即使在今天稻农储藏不脱粒的稻米，脱粒的仅仅是需要的少部分。城市日本人（妇女）在当地的商店购买少量的稻米，她们信任这些在销售前几天才脱粒的稻米。同样，日本人特别在意新米；在每年秋季收获的季节，日本人会为新米颁布特别的指令。相反，政府从生产过剩的农民那里购买、储藏并销售的陈米，成为人们抨击政府稻米政策的中心问题（Hasegawa 1987）。在当代日本，陈米和新米的说法没有涉及灵魂问题。当代日本人在稻米上的喜新厌旧是通过口味而不是稻魂来表达的；新米可口，陈米难吃。尽管已完全世俗化，但日本人还继续把稻米看作具有生命的特殊食物，是活力之源。

源和宇宙观中得到进一步的发展。天孙的使命是把荒原变为稻米之乡。稻米建构了日本的神，其名字包含了稻米或丰裕的稻作。我认为稻魂不仅仅等同于神，而且还特别与神纯洁的积极力量（和御魂）一致。这里要特别指出的是，虽然许多神具有双重属性和力量，但稻田之神只有积极力量。事实上，破坏稻田的旱涝之灾是水神（Mizu no Kami）造成的，而不是稻田之神破坏力量的肆虐。[19]

下面的象征等值对理解稻米的宇宙观意义是至关重要的：

稻米 = 灵魂 = 神 = 和御魂（神的平和 / 积极力量）

生产、生殖、消费、仪式和政体

人的生命会逐渐衰退，除非积极力量不断补充其活力。因此，人和他的环境必须利用神的积极力量来作自我更新。这有两种途径：举行仪式或消费食物。通过消费稻米，日本人内化了神的力量并成为身体和生长的一部分。

稻谷中所体现的神魂并不意味着它是静止的物体。它们象征生长——转换日本宇宙的动力——和二元宇宙的驱力。更具体地说，它们代表农业生长以及消费它们的人的身体的成长。因此，民间和宫廷仪式所涉及的稻米标志生长循环圈：播种、移植和收获。

56

根据这个生产的象征本质的观点，樱井德太郎（T. Sakurai 1981）对日本人的“神圣、特别”（*hare*）、“世俗、日常”（*ke*）和“污秽”（*kegare*）的象征原则来源于农业生活的解释是可信的。他研

19　柳田国男（Yanagita）把稻玉（*inadama*）等同于祖神（*soshin*），后来又视为稻田之神（Ta no Kami）。

究了农民使用的词语，认为“*ke*”解释为“世俗”和缺乏使种子发芽、生长的力量。他解释说，农民在日常生活中所表达的“*ke*”具有神秘的、灵性的力量的特征。当“*ke*”的生产力衰退时，神圣的事件肯定会恢复“*ke*”的状态。根据他的图式，已衰退的“*ke*”（日常）的状态是“污秽”（*kegare*）; *gare* 来源于 *kareru*，意为“枯萎、凋零”。他还认为，这个图式与迄今所接受的解释是有区别的，即认为“污秽”代表了“神圣、特别”（*hare*）的对立面。而他认为“污秽”应该被看作“*ke*”（日常）正衰退的状态。樱井的解释与我关于和御魂是更新之源的解释相似。[20]

在古代日本，“*musu*”意为在太阳下生长和生殖。日本宇宙观中的太阳——农业生长之源——是女性，不像世界其他文化中的太阳神。[21] 因此，灵魂更新等同于性交，象征意义上生产和生殖是同义的。其他证据也证明了稻米与生殖之间的紧密联系。有许多神被看作“*kokurei*”（稻魂，不仅仅是稻米），这样的神都是女性。柳田国男观察到谷神性别与仪式之间的平行关系，10 世纪第一次有记录，现在日本一些地方还能看到，即在产房撒一些稻谷。这种平行关系使柳田国男得出一个结论，即稻谷的诞生与人的诞生是一回事。[22] 再次，生产也就等同于生殖。

20　鉴于西方学术中神圣与世俗对立的观点，这三个象征原则的讨论已超出了本书范围（日本原则的进一步讨论见 Ohnuki-Tierney 1987: 140—149）。

21　在许多文化中月亮一般被理解为女性，而太阳则是男性。在日本神话中，月亮是太阳女神的弟弟素盏呜尊。

22　柳田国男写了大量关于稻米的文章，与本书相关的主要有 1981a；1982b；1982d；1982c。也见 Itoh 1979; 1988。

在天皇看来，丰收仪式是一个重要的个人和政治“通过仪式”，以保证他的灵魂和体现在“政”概念上的政治权力的更新，其中政体被规定为是为神生产食物。

从日本人自我结构视角看，稻米消费、政体、稻米生产、丰收仪式和人的生殖在意义上是等值的，都是通过吸收神的和御魂以促进日本人集体自我的更新。这些行动是与仪式相关的。这个解释可以用下面的象征等值进行总结：

57

食物消费 = 仪式 = 农业生产 = 人的生殖 = 政体

作为自我交换的丰收仪式

如果稻米是神，那么稻米生产和消费就不仅仅是行动。稻米消费是一次宗教行为，因此需要举行适当的仪式以使稻米更适合人的消费。正如上文所指出的，皇室丰收仪式的基本主题和神话-历史是天皇 / 萨满及神给予人的原初稻种的一种回应。反过来，人在丰收时间敬献新米并通过共餐在天皇 / 萨满和神之间以及出席宴席的客人中分享。

一方面，丰收仪式是宇宙礼物的交换，其中新米——几粒神米——敬献给神以回报神给予始皇的稻种。交换模式采取共享的形式——一起吃——人与神，包括天皇。

另一方面，丰收仪式建构了宇宙学意义上的灵与肉的交换。因为稻米体现了神的和御魂或平和力量，通过给予人稻谷，神给予了它的一部分——不是随意的部分，而是它的灵魂。这就是霍卡特（Hocart [1936] 1970: 203）所说的“身体政治”的深度体现，而我强调的是灵魂。因此，稻米生产不是一般所说的经济行为，而是礼物交换制度——原初种子作为神赠送的礼物，丰收时以新米作为回礼。最后，体现在稻米上的灵与肉在这个宇宙学意义上的交换制度中被交换。

这种礼物交换不是一般意义上的礼物交换。没有单独的礼物被交换。这不是献祭仪式——不涉及牺牲者。没有礼物或作为牺牲的动物，通过把自己赠送给人，日本的神开启了礼物交换圈，人再通过把种子培育成熟作为回报，事实上是培育神。因此，这种交换不是简单的“一般交换”，即建立在信任基础上的“赊购”（on credit）交换（Lévi-Strause 1969a: 265）。它是神与人之间的灵与肉的一般交换；他们给予他们自己作为信任的表达，就如莫斯的经典论述“给予他自己的人”（Mauss [1950] 1966: 45）。[23]

58

第三个方面，既然农业生产和人的生殖的象征等值，那么，丰收仪式通过稻种、灵魂和精子流动促成了生产和生殖循环。这里涉及精子是因为生产和生殖的象征等值，不管是萨满还是天皇在丰收仪式中都会有性交行为。

稻米作为食物共享

在抽象的神话和天皇的秘密仪式中，神魂和体现在稻米中的力量的宇宙交换是不存在的。事实上，它体现在人们的日常生活和第七章将详述的民间节庆中。稻米和稻米制品，如米饼和米酒是人与神、人与人共享的食物（Yanagita 1982d）。在日本，不管是民间还是皇室的仪式和节庆有三个主要的程序：献给神的“神馔”（shinsen）（或

23　莫斯关于礼物本质的观点不是一以贯之的，常常在“纯粹礼物”和准商品之间摇摆。

飨馔 kyōsen）；司仪和神共享的“直会”（naorai）；主客共享的“宴”（utage）。尽管也使用其他的食物种类，但在这三个程序中稻米和稻米制品是不可或缺的。

日本的王权与神圣王权

本章描述的日本皇室制度和践祚仪式导引出对神圣王权和献祭的一个简短讨论——人类学家兴趣不减的两个相关联的主题。当然，对这些主题的系统讨论超出了本书的范围。

一些学者认为是日本的皇室制度建构了神圣王权。折口信夫的观点是神话–历史和仪式为皇室制度奠定了基础，使皇室制度能够超越天皇作为一个人或他 / 她的生物性，或如坎托罗维齐（Kantorowicz 1957）所说的“王的两体”（king's two bodies）。折口的当代追随者有艾伯塞尔（Ebersole 1989）和山折哲雄（Yamaori 1990a; 1990b）。59 像折口一样，艾伯塞尔相信皇室的灵魂是在天皇之间传递的，以保证皇室制度的连续性，而不考虑天皇个体的情况，还特别把“天孙降临”情节与“王（天皇）”对“王权（皇室）”问题联系起来（Ebersole 1989: 96）。

今天许多人类学家认为由弗雷泽（1911—1915）最早提出，霍卡特（Hocart [1927] 1969; [1936] 1970）精炼化的神圣王权概念没有多大的价值。弗雷泽原初的构想仅仅是建立在内米湖畔狄安娜祭师–王残杀基础上的，但被弗雷泽和其他人当作了一个普遍模式，后来雷（Ray 1991: 22—53）对此作了系统的反思，事实上是解构了人类学的这段不幸“历史”。[24]

把日本的皇室制度解释为弗雷泽意义上的神圣王权有几个困难。简言之，正统犹太-基督教的上帝观念为弗雷泽提供了一个模型，从比较的视角看，“唯一”即神圣，就如雷德菲尔德（Redfield 1953: 102）所指出的（详细的讨论见 Ohnuki-Tierney 1981: 108—111）。因此，强加的神圣王权模式隐藏而不是阐明了各个文化中王权与神圣概念之间的关系。

的确，尽管皇室制度在时间长河中经历了变迁，但至少直到最近，天皇作为神（kami）的身份一直保持不变，不过仅仅日本是这样。kami（神、诸神）与古希伯来的上帝截然不同。例如，一些戏剧性例子揭示了武士对神权的认知，他们在古代末期剥夺了天皇的政治权力，要求把自己神化。因此，在 1590 年第一次统一日本的军事领导人丰臣秀吉，要求宫廷把他神化为“丰国大名神”（Toyokuni Daimyōjin）。他作为神的生活很短暂，其后人也未能享受到他的神的地位和荣誉。他死时，对手德川家康击败了丰臣家族，要求或更恰当地说是命令宫廷否认先前赋予丰臣秀吉的神性。而且，就像大多数强有力的将军，德川家康同样要求宫廷把他神化为“东照大权现”（Tōshō Daigogen），他的神性成为随后 250 年幕府权力的保障（K. Inoue 1967: 258—259）。与之相比，拿破仑对自己的自命不凡则十分谦逊。

从权力的角度看，宇宙的等级从低到高由人、萨满-天皇和神组

24　对神圣王权和祭师王与巫师王概念最近的评论见 Feeley-Harnik 1985。也见 Dumont 1970; de Heusch 1985; Geertz（1980: 121—146）; Sahlins 1985, Tambiah 1976。Valeri（1985）使用了“双头王权”（*diarchic kingship*）这个词。

60 成。如果假设这个等级是永久和线性的，那么丰臣秀吉和德川家康命令天皇神化他们就是对这个等级的颠倒。这意味着这些人可以任意赋予天皇从人类中创造神灵的权力，这是一项非凡的壮举。同样明治时期皇室制度的设计者分配给他们自己——仅仅是人——权力在天皇之外创造一个真正的神。这种等级的颠倒体现在日本的宗教中，其中超自然存在的等级既不是固定的也不是线性的。因此，在日本宗教中普通人甚至能把神性赋予一根牙签（Miyata [1970] 1975）。

这些独特的例子表达了日本宗教中神的动态特征，与这种易变性平行的是日本对各种外国宗教的采纳。当佛教从印度通过中国和朝鲜传入日本时，精英们包括皇室热情地拥抱。但是“那时（6、7世纪）大多数日本人很可能把佛陀看作另一个神”（Kitagawa 1990: 136）。日本人通过官方宣称神是佛陀和菩萨的显现，试图调和这两种宗教，这个理论体现在“本地垂迹”（*honji suijaku*）说中。带着同样的灵活性，德川时代的日本人特别是精英采纳了强调自然律和天道的新儒家（Kitagawa 1990）。从西方宗教的角度来看，更令人惊异的是明治政府编造了“所有日本人都坚信的‘非宗教的神道’，不管他/她个人的‘宗教’隶属关系”（Kitagawa 1990: 161）。就如我在其他作品中详述的（Ohnuki-Tierney 1984），今天许多日本人至少名义上同时是佛教徒和神道徒，通常没有个人的明确信仰。[25] 要理解日本人的宗教性就得放弃错误的巫术/宗教、原始/文明（现代）的二元对立。要不怎么能解释今天在受过教育的日本人当中存在大量我称之为

25 许多学者争论过这个现象：Eisenstadt（n. d.）根据他的轴心与非轴心宗教图式来解释；Kitagawa（1990）描述其为“折中的”，其他人描述为“多层的”，还有人则描述为“混合的”（详见 Ohnuki-Tierney 1984: 145—149）。

“城市巫术”的现象呢？

如果说日本人对独特的神和宗教制度显示了一种灵活的态度，那么他们也以这种态度对待个体的天皇和皇室制度。从日本民间的视角看，天皇和皇室制度都不是神，如果这个词暗示绝对神性归于王权。菲利-哈尼克（Feeley-Harnik 1985: 276）提醒读者，神圣王权主要是人类学家的想象，在非洲和其他王权中并不存在。

从古代末期开始日本皇室制度经历了许多磨难和痛苦，并不表示出现了弗雷泽意义上的神圣王权。从普通民众的视角看，个体的天皇总是神。就如其他的神，它们没有全能的权力，因此很容易被人操纵，也能够对人施展权力（历史与民族志细节见 Ohnuki-Tierney 1991b），日本皇室制度和丰收仪式以及践祚仪式，为最近对神圣王权的批评提供了支持，这一批评洞察到了理论的限度和弗雷泽模式的民族志的适用性问题。

61

罗伯逊·史密斯（Robertson Smith [1889] 1972）以及胡贝特和莫斯（Hubert and Mauss [1898] 1964）提出了经典献祭仪式模式——这个仪式是王的践祚与神圣王权不可缺少的组成部分，从跨文化视角来看也有类似的问题。丰收仪式、大尝祭皇室践祚仪式共有自我交换与献祭模式这个基本主题。净化和共餐是两者共同的明确的元素。日本的情况不涉及赎罪。更重要的是，它与经典模式相当不同，其中国王或牺牲动物的暴亡不是日本情况的特点。

在最初的献祭模式中，只强调动物，有两个原因：暴亡和食物共享。在神圣王权模式中（Frazer 1911—1915; Hubert and Mauss 1964），暴亡，或者是牺牲的动物的暴亡或者是弑君，是最关键的元素，因为它被视为神王再生的前提条件。而且，动物类食物被认为是献祭之后唯一可能或适当的共享食物。作为模式的主要设计者，罗伯逊·史密斯在动物献祭和谷类祭品之间作了重要区分。在他看来，动物献祭本质上是神与祭拜者之间的交流行为，而谷类祭品只是给神的贡物。因此，牺牲的动物变为神圣；只有仪式上干净的个人才能吃它的某一部分。谷类祭品只是使整个作物“合法”（lawful）但并不神圣；任何人，不管是否干净都可以随意吃谷类祭品（Robertson Smith [1889] 1972: 236—243）。事实上，罗伯逊·史密斯（Robertson Smith [1889] 1972: 242—243）把他对威肯著作的引用降格放到脚注中，基于他的朋友弗雷泽所提供的信息，威肯写道，“一次真正的献祭宴席是由新米组成的”，这个行为叫“吃稻魂”。

在日本的情形中，代替动物被残忍献祭的是植物食物、稻米，作为自我的礼物占据了中心位置，而没有强调如何杀死它们。稻米作为共享食物，远非微不足道，日本人把稻米恭敬地奉献给神；每一粒稻谷都是神。吃稻米不被看作暴亡或杀神。[26] 因此，日本天皇的再生不依赖于暴亡。

62

日本皇室践祚仪式不能驳倒古代中东和其他地区暴力的民族志意义上的重要性。事实上，农业丰收仪式确立为践祚仪式前，如前所述，皇室葬礼完全不同，可能涉及“暴力”，如能收集天皇的陪葬动物也可能是人的资料，就会认为古代日本也有“暴力杀戮”。

关于动物和植物祭品存在一系列解释，“杀戮”和“暴亡”仅仅

26 在许多农业社会，如巴厘和爪哇，稻米据说在收获时“遭受了切割的痛苦”（van der Meer 1979: 111）。这个行为是否被理解为暴力不是很清楚。爪哇丰收仪式上演神王之女与其丈夫的婚礼，两人都变成了稻秆（Geertz 1960: 81），但这跟王的践祚没有联系。

是其中的两个。更重要的是，暴力死亡作为新国王的新生的前提条件并不是普遍的主题。

日本的情况也能帮助我们再思王权的本质。它提醒我们，正统犹太–基督教传统中的神或神圣对世界许多宗教而言是一个不同的概念，因此，“神圣王权”这个标签，如果被应用在其他社会里，往往被误作王权。日本的皇室制度总是掌握一些象征权力，而成功的军事领导人则掌握政治经济权力。这里值得指出的是贝拉（Bellah 1967）的著名见解，他认为日本天皇必须被看作是一个母亲的形象。日本的情况不是唯一的。在印度王国，尽管劳动分工与日本不一样，但它的王权同样复杂。王允许狩猎而刹帝利，即王子和武士可以吃肉，与掌握宗教和象征权力而主张非暴力的婆罗门形成对比（Zimmermann 1987: 180—194）。的确，王权常常比弗雷泽想象的更复杂。

63 第五章　作为财富、力量 / 权力和美学的稻米

为了进一步理解稻米的象征主义，其作为主要的财富形式已有好几个世纪了，我将探讨日本宇宙观中财富的概念以及相关的稻米的力量 / 权力和美学概念。

日本民俗和民间宗教中的财富

无论过去还是现在，日本各地民俗中财富的获得是一个支配性的主题（Yanagita 1951: 371）。在这种类型的故事中，都会提到“长者谭”（*chōjatan*），这些故事分享以下几个共同的主题:（1）一个陌生人，有时以动物的外形，给某人带来好运;（2）这个陌生人一般生活在村庄之外，或在河底、海底和池底，或在山上;（3）某人成为富人是对其美德——如诚实、对动物的怜悯——的奖赏等等。有两个广为人知的故事，今天的儿童仍然特别喜欢，即“切舌雀”（*Shitakiri suzume*）和“鹤报恩”（*Tsuru no ongaeshi*）。

“舌切雀”讲的是一个老爷爷因喜欢一只麻雀每天都喂她（麻雀总是被描写为女性）食物。一天，麻雀吃了他妻子用来洗衣的米糊。老婆婆愤怒至极割掉了麻雀的舌头。麻雀含着泪飞离了。没有了麻雀，老爷爷感到非常悲伤，于是就上山寻找。几次失败后，他终于在一竹林处发现了她。麻雀和她的亲戚朋友非常高兴老爷爷的到来，并用宴席和歌舞欢迎他。当他要回家时，麻雀们给了他一个小葛笼。回家后，他打开葛笼惊奇地发现有各种珠宝。贪婪的老婆婆想把珠宝据为己有，并也去访问麻雀。她带着一个大葛笼回来，但打开时一些鬼怪跑了出来（Muraki 日期不详）。[1]

“鹤报恩”以“很久、很久以前，生活着一对老夫妇”开头。他们非常贫穷但很善良。一天老爷爷去镇上卖柴。当他翻过一座山时，看到雪地上有个东西在挣扎——一只鹤正试图挣脱陷阱。他觉得有些不忍就释放了鹤，鹤舒展翅膀高兴地鸣叫着飞上了天。他卖完柴后回到了家。与妻子谈话时，有人敲门。他们打开门时，一个美丽的少女正站在雪地里。她说自己在雪地里迷路了。他们请她进屋直到她暖和一些。她一直跟他们住在一起。一天她说喜欢织布要买一些线。她请求他们在她织布时不要偷看。在屏风后面，她废寝忘食织了三天三夜。最后她拿着一匹美丽的锦缎从屏风后面出来，叫老爷爷到镇上去卖。老爷爷带到镇上后，连地主老爷都非常喜欢锦缎的美丽，高价买了下来。少女听到这事非常高兴，想织更多的锦缎。她又废寝忘食织了三天三夜。老奶奶很关心姑娘的身体就躲在屏风后看她。只见一

64

1　关于这个故事的各种版本见柳田国男（Yanagita 1951: 258—259）。

只鹤正用自己的羽毛编织锦缎。鹤女从屏风后出来，告诉他们自己是被老爷爷救的那只鹤，想报答他们对自己的慈悲和怜悯。然后就飞走了。在感谢她给予的财富后老夫妇从此快乐地生活着（Koharu 日期不详）。[2]

尽管在不同的历史时期和地区，这些故事的各种版本有些微的变化，但它们都有一些共同的特点（Yanagita 1951: 258, 382）。

在佛教徒对众生慈悲为怀的道德律令下，我从这些故事中发现了日本宇宙观的一些重要主题。因为日本宇宙观认为山是神的居所，我把这些故事中的动物解释为神或它们的信使。从 8 世纪的神话-历史开始，鸟就成了神向人传达信息的使者。或直接或通过信使，神奖赏人的美德行为。这些神是陌生神（stranger deities），居住在诸如山这样村落外的地方。人被赠予财富是因为善良的本性和行为，而不是因为辛苦地劳动。

另一种民间故事的类型是清楚地提到稻米和神赠予的财富之间的象征性等值。小松和彦（Komatsu 1983: 15—48）分类为云德（Untoku，主人公的名字）的故事在日本各地都有发现。虽然有一些变化，但有些主题是共有的；下面这个男孩叫平德（Hyōtoku）。

65

> 某地生活着一对老夫妇。老爷爷每天都要去山上拾柴火。一天，正在拾柴火时，他看到地上有一个大洞。他想一定有魔鬼住在洞里，于是就决定用木柴填满山洞。他插了一捆木柴，但远远不够。他用完了所有的木柴，这些木柴是为以后三个月

2　关于这个故事的演变见柳田国男对《鹤妻》（*tsuru nyōbō*）的讨论（Yanagita 1951: 382）。

> 准备的。突然，一个漂亮妇人从洞里出来。她感谢他的柴火，还强烈要求他去拜访这个山洞。进去后，他看到一座漂亮的宅第，旁边堆满了他的柴火。在她的恳求下他迈进了宅第，见到了一个白胡子的可敬老人，老人招待他吃了一顿饭。临走时，老人向他介绍了一个叫平德的丑陋的男孩，这个男孩正在玩他的肚脐。两人回到了老爷爷的家。男孩继续他挖肚脐的习惯。一天，老爷爷用一根火钵（*hibachi*）铁钳戳男孩的肚脐，随即金色的稻米从男孩的肚脐里流了出来。从此，老爷爷一天要戳男孩的肚脐三次，于是老两口越来越富有。老婆婆太贪婪不满足于那点点财富。当老爷爷离开时，她就猛烈地戳男孩的肚脐以便有大量的稻米流出来，男孩马上就死了。老爷爷非常伤心，但男孩在梦里对他说："不要这样悲伤。做一个像我的面具挂在火炉前面的柱子上，这样每天都能看见我。然后，财富就可以继续积累。"

据说今天这个村子的人仍然会用泥或木头做一个丑陋的面具挂在火炉边的柱子上。

这个故事中虽然还有其他主题，但中心主题类似于前面提到的两个故事：陌生的神把财富作为礼物奖赏给具有善良行为的人。老爷爷致富不是因为他辛苦拾柴火的结果。相反，白胡子老人送给的好运是因为他慷慨提供的柴火，并不要求回报，也不对稻米有着贪婪的要求。他自发的利他主义被陌生的神以财富作为奖赏。

平德风格的故事有两个附加的主题对理解日本宇宙观中财富的意义特别重要。首先，财富被刻画为金色的稻谷。成熟的稻谷被称为“金色的稻谷”，稻田中大片的成熟稻穗被称为金色的波浪，我认为从男孩的肚脐里流出的稻谷就是以稻米为形式的财富。其次，从腹部——灵魂和胎儿的居所——流出的财富印证了8世纪神话-历史所描述的稻米起源于神的腹部。

66 民间宗教也充满了神赠予的财富礼物的主题。从中世时期起，甚至到了今天，大黑（Daikoku）和恵比寿（Ebisu）都是两个流行的厨神。他们是给人带来好运的7个神中的2个。在仍然流行的绘画以及瓷、木和金属塑像中，恵比寿被刻画为一个快乐的渔夫，手里拿着鱼竿，肩上挂着一串鱼；而大黑被刻画为一个戴着头巾肥下巴的笑面人，左肩挂着一个大包，右手拿着一个木槌，脚踩着一包稻米（恵比寿和大黑的细节见Yanagita 1951：68—69，338—339）。流行的民间故事有一个主题，特别的木槌叫“万宝槌”（*uchide no kozuchi*），在遇到灾难时能带来好运。大黑用他的木槌带来的运气就是他脚下的象征丰收的“米俵”（*komedawara*）图像。

这些今天仍然在流传的民间故事，分享日本宇宙观中稻米起源的主题——即财富本身被解释为天神送给的**礼物**。由此观之，今天说“天上掉馅饼”（*tana kara botamochi*）就具有丰富的文化意义。今天，这个说法在世俗意义指“运气”，没有经过劳动偶然得到的幸运。如果米饼体现了神的灵魂和米是天神送给的礼物，那么这句民间谚语明显体现了宇宙观，而且还为当代日本人认为财富有时是一笔横财提供了一个证据。

民间故事和民间宗教中表达的民间宇宙观，因接受者的慷慨、慈悲或其他美德，特别是利他主义，财富由陌生神赠予，采取的是麻雀、鹤和白胡子老人以及丑男孩的形式。作为神的礼物，财富得到宗教的认可。因为是神圣的，它被形容为金色的稻谷或金子本身。

这些故事描写的神给的财富礼物常常是神身体的一部分——鹤的羽毛或腹部流出的稻谷。换言之，在第四章讨论的8世纪的神话-历史和今天日本许多地区还能发现的民间故事及民间宗教中，财富被描述为神的身体一部分。

民间故事及民间宗教与皇室丰收仪式分享一些共同主题。因此，古代皇室制度传播的宇宙观和后来的民间宇宙观不是来源于不同的思想体系。在这些民间和皇室故事和宗教中，好运被描述为陌生神给予的礼物，可能是一个农业神或非农业神，这些神居住在天上、山上、海里等处。

67

稻米作为圣税和圣币

稻米作为圣税

近世早期制定了一项税收制度“石高”，以各地藩主地界内稻米的估计产量为基础。石高制度通常被作为一项经济、政治制度来讨论，特别是作为一项压迫农民的工具。最近的学术界指出了它的宗教本质。网野善彦（Amino 1983，1987）已发现重要的证据，证明在日本古代和中世时期，市场、税收、利息本质上是宗教制度。那时，政府、神社和庙宇在春天贷给农民带壳的种稻（tanemomi）播种。到了秋天收获的季节，他们用“初穗”（*hatsuho*）偿还“贷款”包括“利息”（*ritō*）。这种起源于古代的包括利息的种子放贷行为叫“遂行”（*suiko*）（也见 Oda 1986; Yoshimura 1986）。根据网野善彦的看法，这种制度来源于把刚收获的“初穗”和刚捕捉的海产品“初尾”（*hatsuo*）作为祭品献给神和佛陀的习俗。这些祭品成为神的所有物，不能被人粗心地对待。这种行为叫“上分”（*jōbun*），这是种子借贷的原型，两种做法都是宗教行为。网野善彦强调“上分”为所有的钱的交易提供了一种模式，中世时期这是由宗教人员来处理的。[3] 神话–历史、皇室丰收仪式和“上分”遵从的都是同一个模式。

稻米作为干净钱

稻米作为在神与人之间礼物交换的特定物品，与其作为一般的交换媒介是紧密相关的。物物交换制度的深厚传统和稻米作为货币的使用，限制了建立在中国传入的金属货币基础上的现金经济的发展。因此，尽管政府鼓励现金经济，但日本人继续使用稻米、衣服和其他物品进行物物交换。直到中世时期开始，现金经济才侵蚀到日本的经济领域。引用森末义彰（Morisue 1953: 125）的资料，中世时期硬币和稻米在支付土地税中的百分比，勾画了这个逐渐转变的过程（表 5.1）。从物物交换制度到金属货币的转变是在 12 到 15 世纪之间逐渐发生的（Reischauer and Craig 1978: 63）。到了 1300 年，与 1 世纪相比大概有 10 倍的金属货币在流通（Sansom 1961: 184）。中世时期初

3 关于经济交易的宗教属性论述见 Komatsu 和 Kurimoto 1982。尽管“经济交易”的宗教 / 象征解释是一个较新的研究进路，但历史学家的主要观点，特别是在过去，仍然把稻税制度严格看作一种政治经济制度，这一制度被地主阶级当作压迫的工具（例如，见 Nagahara 1972: 36—37）。

图 5.1　1990 年，日本神户一座神社供奉的清酒容器。这些容器是空的，但象征着现金捐赠。作者摄。

期硬币从中国传入，直到 15 到 16 世纪日本才发现铜、银和金矿，日本才能铸造自己的货币（K. Inoue 1967: 206）。

69

表 5.1　中世时期硬币和稻米在支付土地税中的百分比

	镰仓时期（1185—1392）			室町时期（1392—1603）
	早	中	晚	早
硬币	39.7	69.9	84.2	93.2
稻米	60.3	30.1	15.8	6.8

虽然政府力劝将物物交换转变为现金经济，但稻米作为交换手段和税收形式一直没有消失。因此，尽管在16世纪中期采用了以铜钱来支付税收的贯高制（*kandaka*），但仅仅50年后的17世纪初期石高制又恢复了（Yamamura 1988）。根据山村耕造（Yamamura）的看法，石高制的恢复是因为稻米税收制度的经济、政治利益超过了现金制度，虽然有人认为是因为农民发现把稻米转换为现金来付税有点困难。可能有很多原因导致对现金税的抵制。无疑稻米的宗教/象征意义在其中起了重要作用。在特别的场合稻米继续作为交换媒介，今天仍然还保留着，其象征形式后面还会讨论。

从跨文化的视角看，稻米作为交换媒介的特殊性值得一提。宝物、钱和代用货币都可以作为交换媒介，但它们都要经手交换。新几内亚东部高地巴鲁亚人（Baruya）的盐钱（salt money）在族群之间的交换比在族群内部交换更重要（Godelier 1977: 127—151）。萨哈林岛南部的阿伊努人特别向往附近族群的物品，但它们的使用仅仅局限在用来祭献给他们的保护神；这些物品在他们内部没有使用和交换价值（Ohnuki-Tierney 1974）。

稻米作为交换媒介不同于盐钱和阿伊努人的物品，除了作为祭品献给神外，在日本人当中还具有使用和交换价值。但在与非日本人交换时不能成为媒介。“日本米”对日本人来说是独有的，在许多历史时期产量低，不足以出口，大多数情况下日本人拒绝接受其他民族 70 的稻米，主要因为日本的稻米是作为日本人集体自我的隐喻——这是第六章的主题。

干净钱和脏钱

在西方学术话语中讨论国家发行的货币时，佩里和布洛克（Parry and Bloch 1989）识别出西方文化传统中两个截然不同的观点。亚里士多德、阿奎那和马克思的传统是对钱进行谴责。亚里士多德（Aristotle 1958: 25—26）认为“商品交换”是“无限的”，是“获取的非自然形式”，与家户“自然”的有限获取相对立。与亚里士多德一样，马克思把钱看作商品拜物教。与此相反，以曼德维尔和亚当·斯密为代表，认为钱是个体追求幸福和富足的手段。第三个观点是以齐美尔（Simmel [1907] 1950）为代表的中间立场，一方面，钱是个体自由的工具，另一方面，钱又是对社群道德秩序的一种威胁。

如同马克思对社会关系的关心，齐美尔（Simmel [1907] 1950：特别是 283—354）把钱与个体发展和对社会团结的破坏联系起来。佩里和布洛克（Parry and Bloch 1989: 4）总结了罗伯茨和史蒂芬森（Roberts and Stephenson 1983: 13）的观点，即自主的社群变为依赖和依赖的个体变为自主（也见 Gregory 1982: 71）。钱与商品的粗略对立可以图示如下：*

* 原文如此。但根据上下文，应为礼物与商品的对立。——译注

礼物交换＝相互依赖的交易者之间不可让渡物品（礼物）的交换；社会纽带的创造

商品交换＝自主的交易者之间可让渡物品（商品）的交换；社会关系的缺失

不过实践中礼物交换与商品交换的界线不是很清楚。在讨论1700到1930年印度家庭工业的起源时，贝利（Bayly）指出："这里令人惊奇的是，正式的市场建置和货币化的经济模塑了他们，而且心灵也接受了，但在看待人、商品和其他人的关系时，他们仍然根据好（纯洁）和恶（污染）的标准"（Bayly 1986: 316）。因此，印度人采用精巧的复式计账法试图调和两种交易制度。

71 贝利所观察的18到19世纪印度人的情况，我想也适合今天高度发达的资本主义社会如美国和日本。实践上，在让渡与不可让渡物品之间以及在自主与相互依赖的交易者之间的严格对立似乎抹去了人的交易，除了极端的例子，其中这些结构性对立是以复杂的方式相互纠缠在一起的。钱能够用在让渡与不可让渡的交易中，交易者可以是自主的也可以是相互依赖的。

在日本"脏钱（金属币）"和"干净钱"都在使用。从中国传入的钱被看作不洁的、脏的、堕落的和"人性中非自然的"。下面一段12世纪关于钱的论述甚至在今天也能引起广泛的共鸣：

1179年《百炼抄》（*Hyakurenshō*）一段文字首先明确提到金钱交易的发展，写道："天下上下病恼，号之钱病。"在保守的宫廷圈子里，人们认为硬币的使用（不无道理）扰乱了商品的价

> 格，如此严重以至大臣九条兼实（Kujō Kanezane）在1180年写道，那时政府的腐败完全是因为这些硬币。（Sansom 1961: 184）

在中世和近世早期，稻米作为交换媒介的货币是因为被视为干净钱，而金钱是脏的（与网野善彦的个人交流）。近世早期关于生产的定义有几次严肃的争论。商人应该是“生产的”还是生产仅仅局限在农业劳动？（见第六章）这时期把商人阶级贬低在四个阶级/种姓（cast）的底层，原因是认为商人接触的是脏钱。甚至今天的日本人还显示对“脏”钱的极度厌恶。到美国的日本人在付钱后很难用手拿三明治，因为手已经接触了“脏钱”，“你不知道谁摸过这些钱”。日本儿童经常被教导在摸钱后要洗手，用手吃东西是禁忌，尽管有一些食物是例外；相反，必须要用筷子，从文化的观点看，那是“干净的”（Ohnuki-Tierney 1984）。

确实，钱在日本可以是干净的，甚至具有宗教属性。就如民间故事所表达的，幸运包括金币可能是神的礼物。例如，在鹤的故事中，鹤/神为老爷爷织锦缎去售卖以赚钱。事实上，“干净钱”在整个日本历史上是主要的礼物类型，甚至今天送给神的礼物必须是钱。72 人们往神社前面的木箱里扔钱（*osaisen*）以向神祈祷。

今天，日本许多年度礼物交换场合，被作为规定礼物的钱而不是其他物品。新年成人给小孩的礼物“御年玉”（*otoshidama*）就必须是钱。葬礼的主要礼物“香奠”（*kōden*）通常是稻米或米制品，但后来被钱替代了（Itoh 1984: 103; Ishimori 1984）。当代日本钱也可以作为婚礼的礼物。在这些场合钱是规定的礼物，根据场合和送礼者与接受者的关系有共同的“固定价格”。例如，在20世纪80和90年代的城市，如果某人的社会地位与新郎或新娘的父母平级或更高，那么5万日元是比较恰当的，如果社会地位低，即便是新郎或新娘的朋友或同事，那么就会随风气送3万日元就够了。必须是新钱且封在合适的精美的红包里。在一些场合中，特别是葬礼，送礼人的姓名和钱的数额必须记录下来。这种记录可以使这家在以后能够恰当地还礼。

脏钱可以被净化。中世时期，人们把一个钱盒“千两箱”（*senryōbako*）埋在地下并念“佛供”（*bukku*），其意为埋在地下的任何东西失去了自己的身份而成了佛陀和神的所有物（Amino 1987）。然后才可以把钱借出去赚取利息。这个做法来源于前面提到的一个仪式，即把“初穗”和“初尾”献给佛陀和神，在“上分”变为神圣后才能成为佛陀和神的所有物。埋钱遵从的就是这个通过献给佛陀和神从而得到圣化的传统。近世早晚期的卵形金币“大判”（*ōban*）和“小判”（*koban*）饰有稻穗的浮雕，象征这是干净钱。

“干净钱”是怎样等同于稻米的，显而易见，葬礼通常规定的礼物是红米和其他米制品，其在19世纪中期被钱代替。石森秀三（Ishimori 1984: 276）分析了长野地区一家7代从1846年起的葬礼礼单。在表5.2中我总结了各种类型礼物的数量并把表中的米制品归为一个范畴，包括红米、米酒、黏米、米饼和小萩（*ohagi*）。在1846年到1861年之间出现了惊人的变化。1861年64%的客人送的是钱，如果钱券和钱加起来就达到76%。到了1961年，钱就成为葬礼唯一的礼物了。

金属货币等同于稻米是因为两者都是交换的形式。虽然钱可以是干净的或脏的，但稻米作为交换物品在过去总是“神圣的”，今天也还是“干净的”。意义含糊的钱如果像稻米一样被圣化也可以变得干净：通过献给神和佛陀，或如民间故事所述的被规定为神的礼物，或如金币上修饰的稻米图案把钱和稻米合二为一，或如在文化规定的场合如葬礼和婚礼以新钱作为礼物。

73

表 5.2　作为葬礼礼物的稻米和钱

年份	钱	钱券	米制品	其他礼物	送礼者数量
1846	6	13	31	9	59
1861	59	11	16	6	92
1867	37	4	13	1	55
1880	73	1	27	2	103
1898	65	0	26	1	92
1905	82	0	18	1	101
1938	184	0	1	0	185
1939	132	0	3	0	135
1961	215	0	0	0	215

资料来源：石森（Ishimori 1984: 276）

钱与稻米的意义关键区别是，钱是含糊的而稻米是清楚的。因此，钱可以是重要的不可让渡的礼物，也可以是魔鬼崇拜（devilish fetish），而稻米总是作为相互依赖的个体之间不可让渡的礼物交换的物品；没有脏的稻米通货。稻米作为交换媒介的意义保留了原初的宗教性，或更宽泛地说是宇宙论上的意义：稻魂体现了神的平和之魂。

在这方面日本文化远不是唯一的。对世界上众多人民——中国人、希腊人、罗马人、吠陀时期印度人、萨摩亚人和汤加人等等来说，钱最初是作为神圣的物品（Hocart 1952: 97—104）。霍卡特发现钱的起源与付费给代表神的祭司有关；祭司“被赠送一些物品，神居住其中”（Hocart [1936] 1970: 103）。例如，希腊的铸币厂一般在神庙中，造假币被认为是渎神。“钱”（*money*）这个词来源于“朱诺·莫内塔”（Juno Moneta），敬奉该神的神庙位于卡皮多利奥（Capitoline）山上，公元前269年在那里建了一座铸造银币的铸币厂（Hocart 1952: 100）。钱起源于祭品，后来导致了贸易的出现，74 贸易也是神圣的，根据霍卡特，他的令人印象深刻的语句概括了贸易的神圣精神："少量金子可以交换大量的东西，因为几盎司的神性相当于几镑的世俗物品"（Hocart 1952: 101；着重号为作者加）。同样，税收也起源于宗教，因为“神爱乐意给予的人”（Hocart [1936] 1970: 202）。[4]

稻米的力量/权力和美学

作为力量/权力的稻米

因为体现了和御魂的神圣力量，很长时期稻米被认为提供了神圣的活力和力量。因此，当今的许多做法来源于稻米给予一个人神圣活力的观念，尽管今天许多日本人遵守这些惯例但不太相信稻米的神圣性。传统上，当人需要补充体力时就吃米饼，例如在季节性的通过仪式、农忙季节和新年开始时。即使那些通常不吃米饼的日本人，在新年也会吃米饼。直到最近在日本许多地区包括城市，准备大量米饼都是一件重要的家庭事务，以便在新旧岁交替之际敬奉神明，与家

4 不仅仪式，而且“信仰”（belief）这个概念最早也与经济有联系。本弗尼斯特（Benveniste）在“经济义务”这个标题下讨论信仰（*la croyance*）（Pouillon 1982: 3），当代其他法国学者，包括Belmont（1982）、Herrenschmidt（1982）和Pouillon（1982）都持同样观点。

人、亲戚和客人共享（新年的细节见第六章）。米饼还是产妇的食物（Yanagita 1982b: 240—258）。作为康复之源，甚至今天米粥仍然是病人的特别食物和婴儿的断奶食物，还有就是前面提到的年轻人参加体育活动的食物。商店的米饼会标上“力饼”（*chikara mochi*）字样。

图 5.2　当代邮票。一首诗赞美了早稻的芳香。作者摄。

换言之，在当代日本，稻米的象征力量以世俗化的形式仍然具有重要的意义，尽管它的意义和力量仅仅在危机时刻才得到认知，例如，今天对稻米进口问题的讨论。[5]

虽然稻米的政治维度不是本书的焦点，但我会提到稻米的宇宙观

5　因为稻米是力量之源，所以“精”（*sei*）和“氣”（*ki*）这两个字包含了“米”字。虽然这些字及其意义已成为日文，但要介绍这些字是困难的，因为它们来自中国。一些外国学者误解了日本人称呼美国的四个字中所出现的“米”字（亚米利加）。在这个特殊案例中，这个字的使用仅仅用其发音，而不是其意义。

和宗教力量支持了日本的政治权力。稻税制度建立在对藩主领地稻米估计产量的基础上。然后稻米估计产量变为藩主财富和权力的重要体现。例如，金泽藩（今天石川县）藩主的领地产 100 万石稻米，就是用金穗遍野的形象来传达的，象征了财富与权力并由其美感所支持。

美丽的稻米

不管是生米还是熟米，稻米不仅仅是强有力的还是美丽的。稻穗被描述为具有金色的光泽。其色泽与“作为钱的稻米”具有相关性，因为“金”（*kin* 或 *kane*）这个字可以用来指称钱和黄金。

表现在诗歌、散文和视觉艺术中的稻米的美学，反过来更进一步促进了稻米的美感。近世早期的国学家本居宣长（Motoori Norinaga 1730—1801 年），其沙文主义思想认为日本比其他国家优越主要体现在日本土生土长的稻米上，因为日本稻米比其他国家的稻米优越；它的**美感**来源于国家的优越性（本居宣长《古事记传》，转引自 Watanabe 1989: 089）。

即使在今天，稻米美学仍然受到赞美。最近发行的一对 60 日元的邮票，一枚是稻穗的图案，一枚是用书法书写的描写稻米芳香的诗歌。两枚邮票的视觉信息是强烈的：稻米不仅是美丽的，而且它的美感就如日本人的艺术笔触一样，常常作为自己文化的代表展示给外人。

76

至于熟米的美感，最重要的特点是相关的光泽、洁净和洁白的属性。本世纪最重要的作家谷崎润一郎（Tanizaki Junichirō）在《阴翳礼赞》中，热情赞颂熟米的美感：“一个漆器放在阴暗之处，发出黑色的光泽，看起来更美丽，更美味。当你揭开（漆器）的盖子，你

77

图 5.3　将米饼放入容器中。这是著名诗人与谢芜村用优美的语言描写水稻收获的俳句。作者摄。

会看到热气腾腾的白米饭。每一粒都像珍珠。任何一个日本人看到这个情景（漆器放在阴暗之处）肯定会感到米饭的珍贵”（Tanizaki [1933] 1959: 17—18；着重号为作者加）。这一段说明了在精英中高度发展的稻米美学，同时也被大众所分享。

即使到了今天，“纯米”（*junmai*）或“白米”（*hakumai*）仍具有美学的品质。今天许多日本人最喜欢的是两种稻米越光米和笹锦米。*hikari* 日语意为光或光泽，*nishiki* 意为金子。两个称号都强调稻米的光泽，即美学。如同神体现在镜子里，稻米的美学肯定在于它的光泽、洁白和纯洁。[6]

显而易见的是，稻米美学与自我–表征及日本人的自我理解是紧密相关的，因而容易转换为危险的沙文主义价值，如本居宣长和谷崎润一郎作品所表达的。

稻米作为好生活

除了美丽和力量 / 权力，稻米也象征“好生活”（good life）。在民间故事中，被财富（稻米）奖赏的人从此幸福地生活。许多仪式的目的，包括皇室和民间的丰收仪式，就是为了保证稻米的丰收和好生活。其他许多民间宗教和千禧年运动都具有同样的目标。例如，祭拜“田神”（Ta no Kami）及其信使狐狸的日本民间宗教稻荷信仰（*inari shinkō*）（Matsumae 1988; Yanagita 1951: 35—36），就仅仅关切稻米的丰收。

民族历史描写的农民造反，常常采用千禧年运动形式，其描绘了一个稻谷满仓的乌托邦世界。近世早期乡村和城市地区爆发的民

6　见巴特（Barthes 1982: 12—14）对日本食物美学，特别是稻米的极富洞见但有些过度罗曼蒂克的观察。

变都是针对当地的问题——残暴的地方官员、高利贷者、酒商，私藏财富的神社的神主和庙宇的和尚。在这些骚乱中农民针对的都是这些人的仓库。他们向往的乌托邦被描绘为一个在好政府治理下消除了财富分配不平等和某些个人不正当积累财富的社会（Katsumata 1985）。因此，这些民变具有千禧年运动的特点。在举行这些暴动时，农民身穿稻草衣，肩扛草米包；他们的旗帜也是稻草做的 78（Katsumata 1985: 127—131）。换言之，农民暴动的所有象征符号都是水稻植物做成的。

这些符号所透出的信息相当重要：日本神的形象是身披稻草衣（Orikuchi 1975a: 202）。因此，根据胜俣镇夫（Katsumata 1985: 131）的看法，农民造反时象征性地背着神像，要求实现全体村民“经济平等”的乌托邦。[7]来自乌托邦的权力主要依赖水稻作物，其产品通常在造反时被用为服装和旗帜，简言之，在他们的抗议活动中通过使用水稻产品作为象征符号直接与农业神结盟。

关于稻谷满仓的乌托邦论述（Miyata 1970: 89, 169—170; 1987: 28—44），宫田登（1970）的大作提供了关于宇宙观的历史的和民族志的详细描写，这个宇宙观是被称为“弥勒信仰”（*Miroku Shinkō*）的民间宗教加千禧年运动的基础。虽然弥勒佛来源于印度佛教，但已完全传播到日本并与稻米仪式紧密相关（Miyata 1970: 169—170）。宫田认为到早期近世结束前后，特别是1867年后，许多分布广泛的千禧年运动共同具有这种乌托邦信仰。人们开始发现德川的统治出现

7　胜俣镇夫（Katsumata 1985）考察了不同历史时期民间想象的平等主义。他强调民众的平等主义观念主要局限于对本地通过储藏而致富的人的不满。换言之，总体上它不能从具体的社会中抽象出一个普遍的形式。

了严重问题。例如，一个叫“来吧，没关系”（*Eejanaika*）的宗教，与弥勒信仰紧密相关，人们占领街道，通过狂怒的歌舞以表达对改世（*yonaoshi, yonaori*）的向往。他们想象和希望的世界是米价便宜和稻谷满仓；他们的歌舞主要取自丰收时的歌舞（Takagi 1983: 221—231; Miyata 1987）。19世纪，许多地区的村民举行“寻找好世界”的仪式，其中一些村民诵道，“给我们一个快乐和平的世界，给我们一个稻粟充盈的世界”（Scheiner 1973: 586）。

造反和千禧年运动所描绘的乌托邦想象证明了食物特别是稻米的短缺。特别有意义的是，参加这些运动的人，不仅确认了稻米象征的重要性，事实上，还通过使用水稻植物制作的象征符号强化了它，而不是挑战或颠覆了以稻作农业为基础的宇宙观。

79 稻米作为神圣的礼物

除了在日本文化中的特殊意义，稻米作为财富、钱和力量/权力、美学之源的特点显示了一些跨文化的相似性。与第三章介绍的新教伦理强迫农民从早干到晚不同，有另一个完全不同且同等重要的财富的宇宙观意义——居住在遥远地方的陌生神（稀人）赠予的礼物，给人带来幸运，如同稻米的起源被解释为天神自我的礼物一样。

人类学家已敏锐地意识到同一个社会存在着竞争性的多样世界观，被同一群人或不同的社会群体所持有。发现了陌生神是财富之源与财富是努力工作的结果两种观念共存，这并不奇怪。前者是非正式的，后者是正式的，就如阿伊努人体现在生育仪式中的正式的以男人为中心的世界观，而非正式的妇女的象征权力被体现在萨满仪式中

（Ohnuki-Tierney 1981）。

"陌生人"概念广泛分布在非洲、大洋洲和世界其他地区。齐美尔（Simmel [1907] 1950: 402—408）最早提出，"陌生人"同时很远也很近，归属或还没归属社群，在其中他 / 她拥有巨大的力量 / 权力，包括物质的和非物质的祝福。尽管在不同的文化中陌生人的力量 / 权力存在多样性，但陌生神已被许多学者作为有力的分析工具来解释文化的动力，包括历史变迁。[8]

在许多社会中，宝物起源于作为神人之间交换的媒介，因此赋予了这些物品和"经济"交易以宗教意义。因为神圣常常被理解为强大的和美丽的，所以在所有古典文化中艺术和宗教是不可分的。尽管不吃稻米的民族很难理解稻米的美学，但作为艺术的一部分也可能被歌颂和欣赏。这里需要指出某些对照。小麦和面包——后者是基督身体的隐喻——不像稻米具有美学价值，也许是因为它本身就是神而不需要被神化。

意义含糊的金属货币和意义清晰的稻米给研究象征主义的学者带来了一个重大问题。人们知道，行动或物品并没有特别的意义。其意义是由历史行动者赋予的。不过人们了解文化架构限制了行动者，80 他们不能完全自由地赋予这些意义：稻米和金属货币基本的文化意义各自受到限制。钱可能是干净的或脏的，而今天稻米在世俗世界可能了无意义，但从来不会是"脏的"。

8　关于世界各地陌生人的概念，见 Berger 和 Luckmann（1967: 122, 156）; Frankenberg 1957; Myerhoff 1980; Sahlins 1981; Schutz（1971: 91—105）; Sack 和 Skinner 1979; V. Turner（1975：特别是 231—271）; van Gennep（1961: 26, 27）。

[81] 第六章 作为自我的稻米，作为我们土地的稻田

“稻米作为自我”在历史过程中展开，为了理解为什么这种特别的表征模式长期被视为自然的或自明的，由此作为日本人自我的支配性隐喻，就必须检验稻米和稻田。因为我认为这不是简单“神化”的结果，我通过检验文化制度，包括艺术表征和其他富有意味的文化实践，来展示日本人的日常生活如何浸染了农业宇宙观和意识形态。同样重要的是，探究这种表征“成本”（cost）的社会维度，其在象征的层面否认非稻作民俗的在场。因为象征性表征总是体现在人们的社会生活中，值得一问的是当非农业民俗生活被“农业日本”排斥后会发生什么。

农业日本：一个表征

如果仅看时间的长短，日本以农业为主的生计经济仅仅两千年，远远短于前面狩猎-采集经济的时间：旧石器时代（公元前50000—前11000年）和绳纹时代（公元前16000—前250年）（见表3.1）。农业时期相对短并不能否定农业的重要性，因为它为日本民族-国家的发展提供了经济基础。事实上，如第四章的讨论，皇室制度就是建立在农业经济和农业宇宙观基础上的。

农业的发展值得庆祝是一回事，但当日本国家经济已经发生改变，或城市化和工业化，保持农业认同是另一回事。直到最近，代表“农业日本”的稻田形象直到最近一直占据主导地位，常常出现在日本书籍的封面上。

过去，日本与非日本的学者在塑造日本作为一个农业社会方面扮演了重要角色。弥生农业时代开始出现；弥生时代遗留下来的稻田大规模的发现不仅仅在考古学界是大事，而且对普通日本人而言也同样如此，并受到媒体高度关注。例如，1943年在静冈县发掘的登吕遗迹（Toro），显示了日本辉煌的农业开端的证据，并出版了大批相关的著作（见Ōtsuka and Mori 1985）。“显著的”稻田覆盖了70585平方米（Otomasu 1978）。 82

“在整个历史过程中稻米已成为所有日本人的主食”命题作为历史事实最近已被学者们接受，就如上面提到的。美国人类学家在“二战”结束时带着“乡村日本”概念开始研究日本。虽然那时日本具有更具乡村特色，但“农业日本”的形象在“乡村”民族志的选择方面起了重要作用，反过来又宣传了这个形象。[1]

研究者逐渐意识到日本文化和社会并不像过去宣称的那样具有同质性。通过把日本社会刻画为整体上完全是由农民组成的，这样“农业日本”作为整个国家的表征否认了历史上日本社会的异质性。[2]“农业日本”等同于稻作农业，因此就否认了非稻作农业，很长时间，非稻米作物作为主食具有同等的重要性。

“农业日本”概念没有给非农人口预留位置。最近学术界不仅强调非稻作农业，而且还强调职业的多样性，这提供了一个复杂的包容了不同社会群体的日本图像：农业和非农人口；定居和非定居人口（Amino 1984）；分别以土地、山林和海洋为生的人（Ōbayashi et al. 1983）。职业多样性跨越了其他社会分层，如性别、阶级和种姓；这些分层原则创造了日本社会在整个历史上的一个复杂拼图，因此把日本整体表征为“农业日本”和“稻米文化的日本”太过于简单了。

值得警惕的是如此简单的图像竟然坚持了这么多年。当代日本学界最令人激动的发展是历史与人类学相结合的兴起，其中的著名学者正在挑战日本农业国家的表征，特别是稻作农业。本章我集中探讨两个方面。首先，在不同历史时期“农业日本”作为日本的代表是怎

1 人类学家一直是“非文字和原始社会的专家”。这个自我界定把像日本、中国和印度这样的文化排除在他们视野之外，除非研究乡村地区或少数民族、“文明”或“热社会”内部的“原始孤岛社会”（primitive pocket）或“冷孤岛社会”（cold pocket）。对此的人类学批评见 Ohnuki-Tierney 1990b。

2 见第七章第一部分对社会（*society*）的讨论。日本人什么时候开始形成他们自己作为一个整体的日本人是值得探讨的。当代包括了列岛上所有人的“我们日本人”概念，是相当晚近才出现的，可能在日俄战争时期。*nihon*（太阳升起的地方）这个词最早是中国人从他们的地理位置出发来称呼日本的（与网野善彦的个人交流）。

样被定义和再定义的？我的历史叙述相当简洁。我在关于日本社会少 83 数民族形成的历史过程的研究中，呈现了日本社会和文化及其历史变迁的具体复杂性（Ohnuki-Tierney 1987）。“农业日本”的发展伴随着非农人口的边缘化，到了近世末期形成了少数人群。

其次，作为日本人的自我象征，“农业日本”在日本人与他者遭遇时是怎样形成和再形成的？

古代时期（公元前300—公元1185年）

天武天皇（约672—686年）[3]御令编撰了《古事记》和《日本书纪》的神话-历史，目的是为了建立一个与中国唐朝相对的日本身份认同，唐朝对日本的影响无所不在（Kawasoe 1980: 253—254）。不仅传自唐朝的践祚仪式保留了中国元素，而且日本皇室仪式的框架和规则也是模仿唐朝对仪式的规定（M. Inoue 1984: 9—11）。[4]

具有讽刺意味的是，稻作农业传自亚洲大陆却被选择来建立与中国相区别的日本身份认同的规定特征。大和国为了调和这种明显的对立和挪用稻作农业，宫廷从相互矛盾的口述传统中“选择”（参

3　关于这些神话-历史编纂的细节，见 Sakamoto et al.（1967: 6—12）。

4　为日本皇室仪式提供范本的唐朝儒家把仪式理解为政体不可分割的一部分（Ahern 1981; Yu-Lan 1948: 214—215），而在日本古代以后仪式与政治的关系相当复杂。在讨论中国文化对日本文化的影响时，特别是宗教和政治，一些学者使用了“儒家”，好像在日本这个词保留了原初汉字的形式和内容。这个观点非常简单化。一个更有力的解释模式是人类学“总体社会现象”（Mauss [1950] 1966）的理解，即任何社会的文化制度，包括日本早期的皇室制度，同时体现了多个维度，诸如宗教、经济和政治方面。

见 Vansina 1985: 190—192）那些认为是他们自己的神培植了第一株水稻的“神话”，这个神——第一个生产和生殖神，后来的太阳女神——是皇室家族的祖先，因此代表了整个日本人。

如第五章指出的，隐藏在宫廷所选择的神话下面的意义结构和皇室丰收仪式也为农业民俗所共享。在所有这些象征表达中，幸福来自外面——稻米作为财富来自天神。因此，这种对立比现实更明显；像神一样，中国位于日本村民世界的外面，是他们的恩人，为他们带来了中华文明。

大尝祭是类似神话-历史的仪式；它合法化了天皇作为稻米-统治者的主题。它在每一个天皇践祚时再次证实了天皇的宗教、政治和经济权力，同时也再次证实了与“他者”相关时，即与中国人及其文化相关时，日本人所规定的身份认同。因此，大尝祭——缺乏明显政治宣言的丰收仪式——已成为主要的践祚仪式，尽管践祚仪式也能单独满足政治目的。[5]

84

神话-历史（Ōbayashi 1973: 4）和仪式中对稻米的强调伴随着对狩猎-采集经济的忽略。狩猎-采集经济先于稻作农业，列岛上的居民已经实践了近 5 万年一直到大和国的出现。在日本许多地方，特别是东部和东北部，还保留了狩猎-采集经济的一些重要行为，那时编年史被编撰。如上所述，土地神的矛盾性，他被刻画为猎人但名字涉及稻穗，暗示了稻作农业逐渐取代了狩猎以及稻米的象征意义。

考古记录显示从史前时期大和社会已开始出现分层（Ninomiya

5　这个图景相当复杂；不是上山春平（Ueyama Haruhira）所认为的那样大尝祭是中国式践祚仪式的副本（转引自 Akamatsu [1989, no. 1]）。

1933: 60—64）。直到645年大化革新，社会才合法分层。通过革新，全体居民被分为良民（*ryōmin*）和贱民（*senmin*）。那时贱民构成500到600万总人口的10%（Ueda Kazuo 1978: 80），还被细分为五个亚等级：陵户（*ryōko*），保卫和维护皇室家族的陵墓；官户（*kanko*），耕种官田的人；家人（*kenin*），个人、神社和庙宇的仆人；公奴婢（*kunuhi*），政府公开拥有的仆人，从事各种杂活；私奴婢（*shinuhi*），私人的仆人（Ninomiya 1933: 70—71）。

在贱民中出现过著名的艺术家，例如，前面提到的《古事记》的作者稗田阿礼（Hieda no Are）。同样，柿本人麻吕（Kakinomoto no Hitomaro），《万叶集》——日本第一部诗集，编撰于8世纪中叶——中最著名的诗人之一，据说他是一个贱民身份的游吟诗人，可以从他的名字包含贱民称号的"麻吕"中看出来（Orikuchi 1976b: 464）。古代时期，音乐和舞蹈具有宗教意义。虽然这些人在正式的社会结构中处于下层，但他们作为宗教专家已接近包括天皇在内的权力中心（详见 Ohnuki-Tierney 1987: 77—81, 111）。

古代时期皇室制度的发展持续了两千多年。8世纪后不久，皇室制度的政治权力被剥夺。换言之，在日本历史上仅仅只有古代时期能够证明皇室制度是强有力的。就如北川光男（Kitagawa 1990: 140）的评论："日本历史上从来没有像8世纪那样君主制达到了顶点。" 85

中世时期（公元1185—1603年）

现金经济的传入、来自亚洲大陆的其他影响和国内的发展几种辨证的力量共同开启了中世时期，其特征表现为空前的流动性和复杂性，包括职业的专门化。从政治角度看，中世时期标志着军人政府开始独霸政坛，一直持续到“二战”结束。

对农业表征的理解值得注意的是网野善彦的解释，他认为日本社会一直到中世时期结束由两种制度组成：一是管理居民，二是管理游民（Amino 1980; 1983; 1984）。居民叫“平民”（*heimin*），指武士和农民——日本人口的分支，中世时期后代表日本人。他们是完全有资格的社会成员；他们是自由人，不为其他个人所拥有，允许携带武器和自由流动。但他们有义务纳税。在结构的边缘是下人（*genin*）和小竖（*shojū*），被其他个人所拥有，“没有资格纳税”（Amino 1980）。

游民由两部分组成：“职人”（*shokunin*）和特殊地位的人，后者可粗略地叫“秽多非人”（*eta hinin*）。职人从法律和社会的角度享有部分或全部免除纳税的义务。[6]除了有权不纳固定税外，一些职人还可以自由跨越地区边界，不被盘查或像居民一样纳税。因此，他们可以从事跨地区的贸易。在日本西部，天皇本人亲自授予他们特权，因为他直接控制各地藩主的领土边界。在东部，虽然有的职人特权授自天皇，但许多却来自源頼朝（Minamoto no Yoritomo），那时的“将军”（*shōgun*）（Amino 1980: 133—145）。不管怎样，不像居民，职人明显地享有很多自由和特权。

其他游民群体，秽多非人，是那时具有特殊地位的人——包括正面的和负面的方面。他们的职业是多样的：有艺术家、工匠、宗教专家、艺人，有些从事的是与人和动物死亡相关的文化上定义的

6 *shokunin*（职人）这个词作为手艺人和其他“职业人”的称呼第一次有记录是在1367年（Amino 1980: 105—108; Amino 1983: 186—199），这暗示了这些人形成为一个社会群体是在14世纪中期。

不干净的职业。尽管这些具有特殊地位的人没有固定的居住地点，[7] 86
但有的还是居住在边界地带，如河岸、桥洞和斜坡附近。因为河流、丘陵和高山提供了居住点之间的自然分界线，这些地方象征空间的边缘，远离中心和居住点的核心部分，没有赋税。中世时期，"河原者"（*kawaramono*）这个词指的就是居住在不征税的地方的人（Yokoi 1982: 335—339）。另一个词"散所"（*sansho*），指边缘地区和居住其中的人。山庄人没有土地，没有赋税（Noguchi 1978: 89）。"山庄"意为"分散的土地"与意为"中心或真正的土地""本所"（*honsho*）相对（Yokoi 1982: 337—339）。林屋辰三郎（Hayashiya 1980: 130—131）主张散所指"不纳税的"。那时的日本社会"不纳税的"意味着"边缘"或"非主流"，因为税收依赖土地和收入。中世时期的大部分时间，这些人群并没有像后来那样被赋予了特别的消极面。[8] 这个群体的精英成员继续与社会政治权力中心保持联系，包

7　特殊身份人群的居住模式一直存在争论。许多学者宣称他们没有持久的居住点，但可以跨村移动。落合重信（Ochiai 1972: 66—67）引用柳田国男的观点，认为许多人并不是外人而是社区的成员。我则认为艺术 / 宗教范畴的特殊身份人群是农业社区的临时访问者，但其职业已去污的人是社区的成员，不过居住在社区的边缘地带。

8　粗略地归在特殊身份人群的还有陌生人（*mooto*）、乞食（*kojiki*）、圣者（*hijiri*）和非人（*hinin*）。非人群体最早出现在平安时代（公元 794—1185 年）早期，平安时代中期后在城市里就很常见了（Takayanagi 1981: 11—13）。虽然 *hinin* 这个词翻译为英文是"非人"（nonhuman），但在中世这个词指的是那些自愿放弃社会属性的个体（Morita 1978: 79—80）。非人还包括一部分被社会驱逐的罪犯以及不是因宗教而是因经济的乞丐。但许多非人是圣者，他们因宗教而弃世，拒绝世俗社会的要求和责任，例如纳税（Kuroda 1972; Moringaga 1967; Takayanagi 1981）。圣者或巡回的祭师，代表反社会体制的因素；他们的弃世象征着对逐渐认同政治权力的制度化宗教的不满（Kuroda 1972: 44—45）。

括将军和天皇，[9] 如同他们在古代时期一样。

近世早期（1603—1868年）

德川社会的建立——其以暴戾而闻名——在17世纪初期开始，标志着日本文化和社会的巨大变化，一直影响到后三百年。对外方面，政府通过限制贸易和关闭港口与外国人隔离开来。试图根除外来影响并积极禁止基督教的传播。国内方面，近世早期见证了等级社会的发展，[10] 整个社会被分为四个等级（从上到下为武士、农民、手工业者和商人）加上制度外的两个范畴——顶端的天皇和底端的贱民（outcastes），两者都被边缘化（见 Ohnuki-Tierney 1991b 对天皇边缘化的讨论）。

近世早期整体的社会结构完全不同于中世时期。没有了分层结

---

9 网野善彦（Amino 1980; 1989）强调在中世非农人群，包括商人、匠人、艺人、表演艺人和宗教专家，直接受天皇的管辖，天皇允许他们跨越不同藩主管理的地区。在一部极富争论的作品中，网野善彦（1989）认为后醍醐天皇在对抗武士和农民支持的幕府战争中，请求非农群体特别是“非人”的支持。尽管天皇的原初概念是农业萨满-领导人，但此时期天皇与非农人群结成了联盟，而幕府则稳固建立在农业人口的基础上。

网野善彦关于分层的多样制度因其给予游民过多的社会文化意义而招致批评。我也认为有组织的管理居民有可能是中世社会的核心，纳税人是社会的主要成员。但我也认为有组织的管理游民是根据不同的象征原则——干净与污染原则。因此，我不认为每一种制度具有相等的地位和权力，只是认为每一种管理制度依据的是不同的原则；两种制度具有松散联系，没有被捆绑在一个严格等级关系中。

10 对种姓（caste）概念的学术争论，见布洛克（Bloch [1949] 1961）和杜蒙（Dumont 1970）。

构的多样性，管理游民的机构法律上隶属于管理居民的机构，到了这 87 时已成为日本社会的核心，也许是唯一的社会结构。这里可以看到“农业日本”的社会和法律基础的建立。[11]

一个重要的法令把农民和武士分离了。近世早期前夕 1588 年，统一日本的第一个藩主丰臣秀吉颁布了一道“刀狩令”（*katanagari*）。由三篇文书组成，禁止农民拥有武器，意图防止一直持续到中世末期的农民造反。这道法令颁布前，即使在固定的范围，武士是兼职的农民，且农民在必要时就可以参加战斗。[12] 农民的土地权通过政府的登记至少可以得到保证，这样农民成为定义明确的社会成员（也见 Kurushima 1986：特别是 274—277）。尽管如此，法令剥夺了农民在必要时使用武器来抗议或保卫自己的权利，虽然在近世早期武士居住在城镇里，不能或不愿意保护他们从其抽取稻税的村民。

在这段漫长时间里，“农业日本”成为支配的表征，“农业意识形态”成为独尊的思想，完整的“农业日本”画面其社会和法律基础已完全建立。稻税制度很可能在构建农业意识形态方面起了关键作用。一些精英在构建过程中也发挥了积极作用，虽然带着各自不同的意图。

---

11 与认为此时期特殊身份人群被法律固化的看法不同，武士、农民、匠人和商人跨越卡斯特 / 阶级边界的流动是相当重要的。一些个体在正式社会阶梯内自愿向下流动。例如，对近世早期平民的道德具有深远影响的心学奠基人石田梅岩（Ishida Baigan），他出身农民，后进入商人阶级，再后来成为专职的学者（Bellah 1970: 134）。德川时期掌权者是武士、富农和富商。

12 胜俣镇夫（Katsumata 1985: 179—181）认为这个法令趋向于通过打击武士和鼓励农民专注农业来保护农民的生活。但是，这个法令更多的是保护了藩主而不是农民。

农业日本和国学家

在构建农业意识形态方面最有影响的是近世早期末的国学家（*kokugakuha*）。贝拉强调那种把生产力放在第一位的实用伦理，即他（Bellah 1970: 114）所谓的经济理性和新教伦理支配了这时期的道德体系。在农业意义上非生产性的职业是无价值的。但是对生产性作出解释不是一件简单的事。一些学者贬低商人和工匠，因为他们在农业意义上是非生产的，其他人，包括国学家如石田梅岩（Ishida Baigan 1685—1744）和本居宣長（Motoori Norinaga 1730—1801），认为商人“是不出汗的生产”。他们的解释主要看商人只为自己牟利，还是为其他人服务或为了整个国家的经济（Bellah 1970: 107—132）。

哈鲁图尼恩（Harootunian 1988）也详细讨论了18世纪国学家努力塑造一个清晰而神圣的日本人身份问题。这些学者试图抵制中国对日本文化的强大影响。他们在农业价值和古代神道宗教中寻找纯粹的“日本性”；佛教和儒家从亚洲大陆传入日本，前者源自印度经由中国传入，后者则源自中国。这些学者再造了农业劳动并认定其为远古之道，即纯粹的日本之道（Harootunian 1988: 23）。在他们的论述中，农业实践及农产品的消费变成了宗教实践。因此，平田笃胤（Hirata Atsutane 1776—1843）坚持农神“丰受”（Toyouke）崇拜不仅仅有日常仪式，还包括在田间的辛勤劳作和适当的农产品消费（Harootunian 1988: 212）。简言之，在自我和他者论述中，从大陆传入的农业被再一次用来定义假设的日本人的独特性。

88

日常生活中的农业意识形态

农业主义成功地渗透到精英和大众思想的程度可以在民间文化中找到证据。例如，下面由小林一茶（Issa 1763—1827）写的俳句证实了插秧歌已成为熟悉的春天的象征，甚至那些对农业陌生的人也如此，他们会感到不安，或觉得自己不像稻农那样辛勤地“劳动”：

中午小睡	Motainaya
稻农的歌声	Hiruneshite kiku
让我感到羞耻[13]	Taue uta
	（Kobayashi Issa 1929: 508）
中午小睡	Tanohito o
心有神灵	Kokoro de ogamu
人们在稻田里	Hirune kana
	（Kobayashi Issa 1929: 474）（大贯英译）

这个时期产生的谚语也说明了稻米的神圣品质，当代日本人对其中一些仍然熟悉。例如，如果某人踩到了稻谷，他的腿就会弯曲。另外，如果用餐者哪怕把一粒米饭留在碗里，眼睛就会失明。农业生产被首先强调，在地里辛勤劳作不仅是一种美德，而且还被赋予了美学价值。

89

代表日本的稻作农业和农业形象的渗透力在近世早期浮世绘大

13 Stevens（1988）的翻译。

师的木版画中得到很好的阐释，虽然这些大师有可能是农业主义的消费者和传播者而不是构建者。我对三个系列的木版画提出自己的解释。首先是葛饰北斋（Katsushika Hokusai 1760—1849）创作的名为“《百人一首》乳母绘解”。它们是对藤原定家（Fujiwara no Teika 1162—1241）精选的1235年完成的诗集《百人一首》的阐释，北斋从18世纪中叶的视角对这些诗进行了解释。北斋从76岁才开始这项工作，仅仅完成了原订一百幅中的27幅版画，但留下了许多线描。莫尔斯（Morse 1989）收藏了其中89幅复制品。最常见的主题是关于稻米和稻作农业的，并集中体现在26幅中。[14] 有的仅仅在图画某处出现几捆稻秆，其他更多的是集中表现稻作农业，包括稻农的劳作（14号）；背景是灌溉的稻田（19号）；丰收时节京都举行的祇园祭场景中一捆收获的水稻系在一根木杆上（22号）；水稻收割（39号）；十五夜（*jūgoya*），一般用米酒（画面中出现）和米饼（画面中未出现）来庆祝（68号）；簸谷（71号）；酿造米酒（78号）；舂米做米饼（79号）（莫尔斯做的编号，在页面的顶端与画面相对。）

与农业景观相对的是被描画的海洋和高山。山，特别是富士山经常出现，但没有人的活动——没有打猎、没有伐木和没有在森林中采集植物。海也经常出现，但偶尔才出现渔夫。作为背景海出现过两次（20、21号），远航的船也有两次（4、7号），船载人渡水有四次（27号［海］、36号［河？］、37［池塘？］、76号［海］）。其他与

14 其号码分别是1、5、8、9、12、13、14、17、19、20、22、23、30、39、44、47、65、68、70、71、77、78、79、83、84、90。图13描绘的是妇女在播种，但不一定是水稻。莫尔斯（Morse）解释图90妇女篮子里是鱼，但没有鱼的图像，背景看起来像稻田，因此我认为篮子里是稻米。

海有关的包括一对恋人乘一首大船正从空隙处往外偷看（18 号），一些人在采蛤（92 号）。一幅描绘了制盐的场景（97 号），但没有海作为背景，另一幅展示的是工人正在修理船只（33 号）。仅仅只有一幅 90 有渔夫（3 号），一幅有潜水采鲍鱼者（11 号）。总之，与农业活动经常出现在画面中相反，海洋及相关的活动则难得一见。

相似的主题如收获的稻田、灌溉的稻田、象征丰收的“米俵”、成捆的稻谷出现在安藤广重（Andō Hiroshige 1797—1858）创作的名为“东海道五十三次”（Tōkaidō Gojū-San-Tsugi）版画中（Gotō 1975）。安藤广重和溪斋英泉（Keisai Eisen 1790—1848）收藏的版画“木曾道六十九次”（Kiso Kaidō Rokujū-Kyū-Tsugi）（Gotō 1976）也包含了同样的主题。

这些版画中反复出现的稻米和稻作农业的主题，不仅代表稻米和稻作农业本身，而且还意味着更抽象的东西。在最明显的层次上，它们标志一年四季。灌溉的稻田、插秧歌是最熟悉的春天或初夏的征兆；这是生育和生长的时间。稻谷收获画面，包括成捆的稻谷——最经常使用的主题——代表秋天和收获的喜悦，但也标志着生长季节的结束。

令人惊奇的是，从表征的角度看，这些稻谷生长圈对全体日本人而言已成为四季的标志。对城里人、渔夫和其他非农人口来说，生活的变化是由稻米及其生长来标识的。

从更抽象的层次来看，常常以农业画面作背景来描绘旅行者，稻谷和稻作农业画面作背景意味着静止的日本，与以东京为代表的以道路为主的短暂的、变化的日本相对立。没必要重复著名的人类学家关于旅行建构了阈限体验，其产生在日常时空中的“两可之间”（between and betwixt）（参见 V. Turner 1975）。旅行者以这些好像不相干的画面为背景，成捆的稻谷、田地和农民代表了“农业日本”——原始的未改变的日本。与“真实”的泥巴、汗水、肥料不同，稻作农业就像稻米本身被上升为具有美学价值，如同第八章讨论的“英国乡村”和法国印象派油画中的农民。

近世早期末的农业职业身份和非农收入

与之矛盾的是，如同农业意识形态被强化，日本正快速城市化和非农化。随着近世早期的发展，“农业村庄”超过一半的收入来自非农活动，就如史密斯（T. Smith 1988）在他对 1840 年的日本西部长州上关町的研究中指出的。一方面，这个县的村民认同他们的职业是农民：

91

> 大部分地区农业占绝对优势；甚至有大量非农人口的室津和平生町，其数量与农业人口也差不多。这些职业的数字给人留下印象，这是一个绝对的农业县。（T. Smith 1988: 78）

另一方面：

> 不同的印象是收入的来源。一方面收入来自农业，另一方面来自工业、运输、渔猎、汇款和中央政府的拨款。非农职业为这个县提供了 55% 的收入，在 4 个地区占的比例超过 70%。因此，上关地区主要是农业人口，但收入的一半以上来自非农工作。（T. Smith 1988: 79）

因此，在近世早期，“农业日本”反讽地意味着职业身份是“农业主体”，但收入是“非农主体”——真正重要的研究成果显示了农民对自己的理解，农业形象是重要的，如同稻米对全体日本人的重要性，而不考虑其是否是主食。被反复引用的数字，如在近世早期 50% 或 80% 的人口是农民，必须在这个语境下来认识。

近现代（1868 年至现在）

尽管迄今为止对近现代初期的农业情况所知甚少，无疑从明治时期开始时，日本仍然是个农业国家（Rosovsky 1966）。当日本进行现代化时，农业人口急剧减少。在日本城市化和工业化后，“农业日本”继续留存，后续政府继续充当构建和表征的推手。就如史密斯（T. Smith 1959: 213）的观察，近现代日本的设计师们都是来自乡村的胸怀大志的人。因此，由于文化图景太复杂而不能把责任归咎于少数政治家。

农业意识形态的强化可以反映在日本民俗学和人类学奠基人柳田国男的研究历程中。如同英国社会人类学家马林诺夫斯基一样，柳田国男把田野工作引进了这个学科。通过在日本各地进行大量的田野工作，柳田国男和他的学生收集了详细的民族志资料。他们的关注点是“常民”（*jōmin*）。[15]

92

在研究早期，柳田国男勤奋地研究山上的各种人群，包括伐木

15　柳田国男较早使用“平民”这个词。1942 年建立的著名的“屋檐下博物馆”创建人涩泽敬三（Shibusawa）第一个使用“常民”这个词。博物馆致力于研究边缘人群，包括阿伊努人。详见 Miyata（1990: 36）。

工人和其他工匠、街头艺人、非制度化宗教专家以及妇女和儿童。[16] 他最好的民族志和历史研究是关于艺术家和宗教专家的，从1572年起这些人被视为“贱民”，这些研究见于他的36卷的文集。太田好信（Ōta 日期不详，12）指出了柳田国男的学术贡献：“质疑政治权威的霸权，其仅仅从文字资料和宗教组织中获得他们的合法性，柳田国男的民俗学努力代表被疏远的、沉默的‘常民’，他们的历史从未被记录。”柳田国男和他的学生研究这些人的目的是寻找“最初纯粹的日本文化”，那时柳田国男（如1981b）相信这些文化被保存在山居的日本人的生活方式中。

柳田国男的“常民”研究逐渐转换到农民研究，特别是稻农。宫田登（Miyata 1990: 37）认为，柳田国男的“常民”概念到1935年已发生转换。[17] 柳田国男一个著名的见解是如果不研究稻米就不能理解日本文化，虽然研究稻米不能完全说明日本文化。作为1900到1902年农业省、林业省和通产省的官员，柳田国男在随后的日俄战争期间继续对农业神话的制造作出了贡献（Gluck 1985: 180—181）。哈鲁图尼恩强调柳田国男的乡村日本是构建出来的：“但是柳田国男的乡村是一个想象，是从要保存已消失的话语中构建出来的”（Harootunian 1988: 416）。我没有发现柳田国男的思想在那时很流行，但我认为在他关于日本文化中稻米的重要性论述中有相当多的关于稻谷的真相，虽然从他的意图来看可能有不同的意义。他规模庞大

16 柳田国男的兴趣是妇女和儿童，而日本另一个人类学学派创始人折口信夫则关注老年人。

17 后来东京大学著名人类学家石田英一郎（Ishida Eiichirō）以及其他人都跟从柳田国男学术兴趣的第二阶段，即从日本乡村寻找纯正的日本本土文化。

的有价值的民族志，勤恳的田野工作，对被日本官方历史忽略的人群的书写，这些都不能被怀疑；不管其作品的错误如何，不能仅仅因为是一种构建而被忽略。

格鲁克（Gluck）简明扼要地抓住了明治时期“农业日本”的特点：“为了工业化经济，他们重振一个农业神话，在一个城市化社会，他们歌颂乡村”（Gluck 1985: 265）。作为一种崇拜形式，生产力成为最高的德行，甚至后来其意指工业的而不是农业的生产力。

明治“维新”开启的“近现代日本”，不久就投入军国主义和“二战”的大灾难中去了。此时期，特别是“二战”期间，农业意识形态被军政府残忍地利用。白米，即国产米被构建为日本人自我的纯洁性。政府告诉市民，日本的稻米分配给了前线的士兵，以补充他们的能量而赢得战争；日本的胜利会保证充裕的国产米，而不是“讨厌”的外国米，如果吃外国米就意味着日本人受到了伤害。

战争时期，许多食物特别是稻米，巧妙地被军人精英用来为民族主义服务，他们努力建立一个民族身份以及在民众中进行爱国主义的宣传。“太阳旗便当（*hinomaru bentō*），典型的做法就是在便当盒的白米饭中间放一颗腌梅干”（对太阳旗便当的民族主义论述，见 Higuchi 1985）。太阳旗便当的变形还包括把米饭做成圆锥体，象征富士山，上插一面纸质的太阳旗，在饭店作为儿童食物。

当代日本

正如第二章所指出的，“农业日本”在当代仍然具有生命力，全职农民越来越稀少以至于他们被命名为“人间国宝”（*ningen kokuhō*)。[18] 一些人把这样一种持续的力量归因于出身乡村的著名政治家的推动工作。但是，“二战”后16位首相中只有两位来自东北稻米产区。[19] 因此，农业主义相当复杂且深深扎根在文化土壤里，并不是少数精英的创造。

虽然昭和天皇向明仁天皇的过渡几乎与加州稻米问题同步，引发相当大的关于皇室仪式的骚乱，但在对加州稻米问题的争论中很少提及天皇和皇室制度。出人意料的是意识形态、经济和政体与皇室制度关系的展开。当日本人喊出反对进口加州稻米的口号时（见第七章），它是“稻米作为自我”的表达；稻米仍然保持着强大的自我隐喻。相反，当代日本天皇已经不再作为日本人的象征了。事实上，许多日本人强烈反对天皇代表日本民族，不管是昭和还是明仁。

94 许多当代日本人没有意识到天皇与稻米之间的联系；当昭和天皇患病时，电视报道说天皇仍在关心打听稻米的事，许多年轻人是第一次知道天皇与稻米早已存在的关系。到了媒体开始讨论大尝祭时，甚至老人都不知道这个词了，更不用说仪式的内容。今天很可能没有人会相信天皇是稻米丰收仪式的司仪，其权力是为了保证稻谷的丰收。一些日本人对皇室制度和进口加州稻米都持反对态度。如果稻米/天皇关系被承认，那么皇室制度的反对者就会欢迎外国米的进口。但对这些人而言，稻米是日本后工业社会的一个隐喻，其中稻作农业很少有经济价值。

---

18 我意指今日日本政府命名日本传统艺术方面的杰出艺术家为“国宝”。

19 田中角荣（1972—1974年在任）来自新潟县，铃木善幸（1980—82年在任）来自岩手县，福田赳夫（1976—1978年在任）和中曾根康弘（1982—1987年在任）出身的群马县也是典型的农业地区。

加州稻米事件揭示了皇室制度已经失去了与稻米象征主义的联系。除了在古代时期，两者的关系从来都不是很紧密。如同一些学者曾经坚持的，稻米象征主义不会以全体人民都从事稻作农业和作为食物在数量上占多数为先决条件。通过在宫廷举行稻米仪式，有时是周期性的，皇室制度与稻米象征主义的联系在随后的时期仅仅部分保留。到了明治时期，皇室更加远离普通民众。如果没有现代媒体，皇室丰收仪式对民众有多大的影响是值得怀疑的。正如天皇的视觉化是从明治天皇开始的，那时照相术被引入日本（Taki, 1990），所以，皇室制度与稻米象征主义在历史过程中相互之间看起来是处于半独立的状态。

日常生活中作为自我的稻米

农业宇宙观无疑是在古代时期通过宫廷系统地发展起来的，后来被历届军政府利用作为农业意识形态。但是，“日本”作为“稻作农业国”不简单是被精英、皇室或军人所构建，并从上到下进行灌输。第四章描述的以稻作农业为基础的宇宙观对普通民众也具有重要性，通过他们的宗教、民间故事和日常习俗表现出来。

稻米对个体日本人的重要性在生命的早期就开始了。米粥作为母乳的替代品，象征地把稻米与基本的人际关系联系起来——母亲与子女的纽带。母亲与日常家庭成员共享米饭的联系，可以从杓子（*shamoji*）的象征主义表达出来，用它把米饭舀到个人的碗里，直到最近这还是主妇（*shufu*）的象征。主妇指一个家庭的女性**家长**，而不是简单的“家庭妇女”，这个词反映了日本主妇在家务方面具有相

95

当大的权力。因此，饭勺的传承是一个重要的事件，标志着当前主妇的位置和角色的退出，是时候传递给下一个主妇了（Yanagita 1951: 264—265）。当新主妇是长媳时这个事件特别重要，因为长男负责传递香火——“二战”前盛行长子继承制。研究了日本各地的饭勺传承习俗后，能田多代子（Nōda 1943: 52—56）强调主妇的中心角色是作为家庭的中柱（大黑柱［*daikokubashira*］）。一些地区还要举行仪式。传承的时间点根据地区有差异，一些例子显示有的夫妻婚后 20 年才进行。能田（Nōda 1943: 53）记录的佐渡岛和信州的民歌，描述了那个地区的习俗：“自从他们结婚在一起已 6 年了，而且还生育了小孩；该把饭勺交给孝顺的媳妇（*yome*）了。”

即便在今天，饭勺已失去了它的象征意义，不再代表家庭主妇的权利后，在城乡许多家庭，仍然是主妇把米饭舀到家庭成员和客人的碗里。电饭锅出现后，煮饭仍然是妇女最重要的任务，她们的手艺以是否煮得好吃来评判。今天城市家庭最早出现把副食盛在个人的盘子里，但米饭仍然保留共同食物的特征由主妇分配给每个人。在家里共餐以从唯一的容器里分配米饭的行为作为象征，被具体化为饭勺。家庭的集体自我——日本社会最基本的单位——通过日常共进米饭构建出来。

作为家庭生者与死者共餐的表达，每天向祖先牌位敬献的食物一直是米饭。今天，不管什么时候煮熟米饭，不一定像过去习惯在早上煮饭，生者享用前先要敬献给祖先。我参加 1990 年 5 月在北海道召开的学术会议时发表过一篇论稻米的文章，一些学者认为日本的饮食已发生很大的变化，白米饭不再是必需的了。但当我问到，他们能否想象某一天敬献给祖先牌位的食物不是白米饭，或许是炒饭，每个人都断定那是不可能的。我终于讲明白了我的论点，那就是白米，即“日本米”，即便在今天其象征意义也是最重要的。

1989 年我听到新潟农民的一句话，“如果你的稻米足够生产 18 公升的米粉，你就不会把儿子送给别人收养”。稻米和米粉是财富的标志，以及作为合作群体的家庭的隐喻：我们，其成员不会送给他们。

今天城市日本人的一些共同表达，如“吃冷饭”和“吃别人的饭”，都意指某人不再被温暖的家庭所环绕。因为吃米饭必须是热的（除了寿司和饭团），这些表达意味着人生的不幸和浪迹江湖的艰辛。[20]

从个体农家的再播种也可以看出稻米是自我的隐喻。如第二章指出的，直到最近，农民会保存一些自己的稻谷作为明年的种子，所以在日本有无数的稻米品种，每个家庭都生产他们自家的品种。这样的再播种不限于日本。古德曼和里维埃拉（Gudeman and Rivera 1990: 12—13, 118）描述了哥伦比亚家庭再播种的重要性，并以此作为家庭的隐喻——保存稻谷“在门里面”。

个体家庭之外，乡村社区的成员在仪式场合也共同分享稻米和米饼，他们居住在别处的亲戚会赶回来一起吃喝。今天，这样的场景主要体现为在城市工作的家庭成员返回乡村老家与其他成员团圆。

稻米也是城市人共享的食物。今天庆祝新年是全国范围的仪式

20 其他常见的包括稻米的表达。例如，*yakimochi o yaku*（嫉妒）实际含义是指烤米饼。当把米饼放在烤炉上时，就膨胀起泡。烤米饼的外形就像一个人嫉妒时鼓起的面颊。另一个表达，*mochitsuki sōba*，意指相当不稳定的股票市场；来自用杵上下快速把米捣碎成米饼的形象。同理，*komekami*，“嚼米饭”指颞颥，“嚼”米饭即“食物”时这个部位会动（Yanagita 1982c: 157—158）。

97

包含了与农业仪式同样的神与人和人与人之间的食物共享。城乡日本人新年期间都向神敬献“镜饼”（*kagamimochi*）。[21] 两个镜饼相互叠放。元月 11 日是“开镜饼”（*kagamibiraki*）的时间，硬化的米饼被打碎，碎饼被分发给所有家庭成员。因为镜子代表了神，这些米饼体现了神的灵魂，所以吃米饼人被认为获得了力量（Yanagita 1951: 94—95）。敬献和消费它们都是共享的行为——在神与人和人与人之间。

尽管米饭和饭勺在家庭内是共享的象征，但酒（清酒）在社交场合（social settings）也是最重要的一种共享食物，特别是在男人中间。它引入一个社会交往的因素。社交性喝清酒的基本规则是从不自己为自己倒酒；而是为别人倒酒，反过来，别人再为他倒酒，这是一个永无止境的过程。独酌酒（*hitorizake*）是孤独的表现——没有什么比自斟自饮更孤独的了。

稻米和稻米制品也是用来建立和维持人际关系的食物。不仅在仪式性场合，日常生活中稻米和稻米制品在进行共同行为时扮演了关键角色。稻米象征**我们**，即某人归属的社会群体。“同吃一锅饭”是亲密的人际关系的一个表达，强调共餐引起的强烈的同伴感。如果你们一起吃，你们就是同一个社会群体的成员；你们成为与**他们**对立的**我们**。

稻米与社会群体的隐喻关系不限于面对面的小群体。它扩展到大群体，包括作为整体的日本。这里稻田承担了一个关键角色。在讨

21　关于镜子–神关系的民族志资料，见 Ishibashi 1914；关于水等同于镜子的民族志详细资料，见 Nakayama 1976。

论国学家和版画的联系时，稻田象征了日本的空间和时间，最终象征了“我们的土地”。

农业宇宙观，农业意识形态

稻作农业宇宙观比皇室制度和农业本身更具生命力。依托于水稻农业的象征结构是古代皇室制度的基础。不久皇室制度的政治经济基础被后来的军队精英推翻，其发展为有利于自身的农业意识形态，并成功地传播到民众中间。因此，仅仅与早期农业相关的意义结构，在历史上被部分民众所采纳，其中大部分人从事的是非农职业。

稻米象征主义的留存比稻作农业自身更重要是相当显著的。日本并不像某些描述那样是个农业国家，甚至在近世早期也如此，这时期被认为是日本历史上最具农业特色的阶段。在今天高科技时代，稻作农业在量上并不重要。通过政府、媒体和旅游业，村庄、乡村和农 98 业被持续大力宣传——在世界许多地区是一个共同现象。

农业成功作为日本的表征并没有依赖皇室制度。后来的政治精英巧妙地神秘化和自然化农业意识形态仅仅部分促成它的成功，主要归功于日常实践中稻米和稻田的象征意义，依此它们成为集体自我的有力的隐喻。几乎所有的社会共同行为把人们绑在一起，他们通过面对面的交往来建立一个共同体，或**我们**。食物消费常常被选择作为共同的行为，因此象征这个社会群体，即成为他们的隐喻。

同样有力的隐喻是稻田。它们象征个体农家的“我们祖先的土地”，直到最近，农民都是用自己的种子来种植他们的水稻。通过稻米和稻田的双重隐喻强化了集体自我。最后，稻田以其美丽和标志

“日本季节”的变换的色彩也象征了日本国家自身。

农业作为日本的表征把非农人口边缘化了。例如，著名的诹访信仰（*suwa shinkō*）就代表了猎人信仰和仪式的残余，其中会举行动物献祭。仪式中的神据说反抗代表农业的大和的霸权（Yanagita 1951: 310）。在这个历史过程中，最受伤害的是具有特殊身份的人群，他们成了替罪羊。在日本国内，他们被赋予了不纯洁的属性，通过创造“内部他者”，日本人具体化了他们自己的不纯洁性。

如果稻农使用水稻作物作为象征符号来反抗当地的有权有势者，那么他们就把自己等同于稻神，非稻作农业者和非农人口也高度分享建立在稻米象征基础上的日常实践和年度仪式。而深深体现在民间的稻米和稻田象征主义成了政治家为沙文主义目的而操纵的沃土。

第七章　自我和他者论述中的稻米

99

在历史进程中，稻米和稻田已成为日本社会内部社会群体从最小的单位家到全体日本人的集体自我的象征。日本人的集体自我经历了历史的变迁，这个变迁与日本外部的历史发展紧密相关。

在人类学界，莫斯（Mauss [1938] 1985）提出的人 / 自我（person/self）的经典架构是准-进化论的——从原始整体主义的 *personnage*（角色）转换到现代个体主义的 *personne*（自我），以 *moi*（自我意识）作为人的普遍性。杜蒙（Dumont [1966] 1970, 1986）的论述建立在一个复杂的比较基础上，即整体主义 / 个体主义和等级 / 平等主义。有大量的论自我与人观（personhood）的出版物，其中包括由卡里尔（Carrithers）、科林斯（Collins）和卢克思（Lukes）（1985）主编的一本重要的论文集。

人观研究的诸多方法中，由米德（G. H. Mead）和泰勒（Charles Taylor）等人所主张的传统是把自我看作一个能动者（agency）。后现代学者提醒要注意巴赫金“多声部”的重要性，其来源于一系列关于“商谈的现实”的假设，即“相互主体性、权力操纵和断裂”（Clifford and Marcus 1986: 14—15）。孔多（Kondo）关于日本的著作名为《工于心计的自我》（*Crafting Selves*, 1990），书名是最恰如其分的，是这一类方法的代表。凯勒（Kelly 1991）对论日本人观的英语出版物进行了广泛的评论。从心理人类学出发，斯维德（Shweder）和其合著者（Shweder and Miller 1985; Shweder and Sullivan 1990）的著作也具有相当的影响。

本书中我关心的是社会群体的自我-身份问题。当一个社会群体与其他群体相对时，会各自构建一个集体自我。这里社会群体间“语境”（context）向“商谈”（Negotiation）的转换常常有权力的操纵，而不管是民族-国家内的社会群体还是与其他群体相对的包含全体人口的大群体。因此，一个民族中各种个体的身份，虽然经常但不总是，与他们和其他民族发生关系时概念化自身不相干，近几十年人们经常能看到民族主义和族群身份运动的兴起。

100 自我研究的两个方法——一个给定的社会情景中的个体自我和与其他社会群体相对的集体自我——不用说，并不是对立的或冲突的（见第一章，注释4）。日本人对人的概念化提供了一个概念框架，依此日本人在历史遭遇中诠释其他人。

日本文化中的人观：一个基本框架

日本人关于人的概念，作为社会性相互依赖的人在组成“人间”（*humans-ningen*）的两个字上得到充分的表达。*nin* 意为人，*gen* 意为在什么之中。*ningen* 是在一个社会情景中参照他人的关系而被定义的，以及辨证地被人和所归属的社会群体定义的（Watsuji 1959）。[1] 这样看来，一个社会群体不是由原子化的、具有自主性的个体组成的。[2]

日本人的一些日常实践清楚地表达了相互依赖性，或更准确地是自我与他人的关系性的定义。例如，在日常话语中，人称代词及其所有格不太常用，但是，表达人的动词、助动词和名词等等会有变形——不但说者而且听者——当他们与语境相关时。例如，如果某人说 *okuruma*，其中 *o* 是表示尊敬的前缀，*kuruma* 意为小汽车，无疑在这个特别的语境中汽车主人的社会地位要比说话者高（详见 Ohnuki-Tierney［出版中］；也见 Martin 1964; Miller 1967; Shibamoto 1987: 269—272）。[3]

不用说，日本人并不总是对社会上的他人表示尊敬，相互之间也不总是和谐相处，不会为了他们社会群体的目标而牺牲自己。事实上，在一种话语类型中，以敏感性和对说话规则的敏锐理解为前提，

1　此处我避免使用 *society*（社会）这个词，虽然和辻哲郎（Watsuji）已翻译成日文社会（*shakai*）。之所以如此，是根据最近人类学的批评，即人类学家常常把抽象的社会概念附加到没有把自己的社区概念化为社会的人们身上。见 Ingold（1986; 1990）和 Strathern（1988）对此的批评，以及他们对社会关系（social relationships）和社交（sociality）的强调。也见 Wolf（1988）。

2　尽管日本人这种关于人和个体的观念并不是唯一的，但正如一些人所认为的（参见 Hamaguchi 1982）许多日本人有意识地把个体概念化为相互依赖的。相反，在一些西方社会个人主义概念已有相当的发展，许多人坚持理想化的完全独立的个体，而在实践上他们的个体也是相互依赖的。

3　美国与之相反，强调说话的两个人是理想化的平等关系。即使在两人的社会阶层不同时，他们在口头上也避免表达差异。很大程度上，在英语世界通过非语言方式获得类似效果，如身体语言、声调和其他手段。

他们通过策略地选择不恰当的说话标准或违背话语的其他规则，能够有效地侮辱和嘲笑他们的上级，但永远不会使用粗鲁的词——日本人很少这样做。吉伯特（Gilbert）和沙利文（Sullivan）十分正确地描述了怎样不恰当地使用超文雅的形式来达到相当荒谬的效果。

在一个给定的社会背景中，个体层次的自我构建与日本人相对于其他民族时的身份构建是相似的。在此，重要的陌生神的宇宙观原则粉墨登场了。如同前面指出的，陌生神具有双重的本质和力量——仁慈的、纯洁的和御魂力量，与暴力的和破坏性的荒御魂力量——构建了人的反身性自我，同样具有二元性。人为了保留纯洁性，就必须利用陌生神的纯洁力量。

101

被限制在宇宙观图式中的自我和他者结构已转化到历史的论述中，其中外国人象征地等同于陌生神。与关于日本作为一个国家孤居在世界东北角的刻板印象不同，日本的历史实际上包含一系列的合然，通过日本人自我和他者结构的透镜进行解释；反过来，他们促使日本人再概念化自己的自我概念。想靠近他者的欲望推动了日本人模仿和超越优秀的中国人和西方人，不管是书写体系、艺术还是科技。在历史之流中，当日本人与其他民族的关系发生变化时，其集体自我必须被持续地再定义。

在所有的合然中，有两个对整个国家产生了最深刻、最持久的冲击，即 5 到 7 世纪与高度发展的唐朝文明的相遇，以及 19 世纪末与西方文明的相遇。这两次相遇，日本人都被“外面”的文明所征服，并急切地渴望试图学习和模仿他们。之前没有文字的日本完全采用了汉字的书写系统，尽管这两种文字的语音并不相干，也不可转换。迄今为止，日本的文盲还在完全采用汉字的书写系统。同样，日本人热切地采用冶金技术、城市规划以及其他很多具有中华文明特色的东西。尽管如此，他们还是以沙文主义姿态使劲地抵制中华文明，目的是保护自己的文化和集体自我，详见波拉克（Pollack 1986）。

经历了3个世纪的闭关锁国后，日本在19世纪末重新开放，再次痛苦地遭遇到“优越”的文明，这次是具有先进科技的西方。日本人再次热切地采用西方文明，同时保卫自己的身份和自我。此时，中国正经历内忧外患，国际地位急剧下落。因此，西方代替了中国作为超越的他者。如同波拉克（Pollack 1986: 53）简洁的评论：“在过去的一个半世纪，西方在日本语中一直是对立的词，它总是作为‘他者’，依此日本人寻找自己的形象，并为了自己的身份符号焦虑地向世界其他地方的镜子里张望。”

虽然这样看待日本历史有些过于简单化，但要强调的是日本社会内部的发展导源于与世界其他地方的交往。这些交往也对日本关于集体自我的概念产生了重要影响——作为一个民族他们是谁。因为日本人，或对其他任何民族也是重要的事，自我的概念，不管是个体还是集体，总是相对于他人而被定义的。 102

在自我和他者的论述中，稻米作为日本人一个有力的载体来思考相对于他者自己是谁。

作为自我的国产米和作为他者的外国米：日本人与其他亚洲人

作为一个社会群体的主要隐喻，稻米在日本关键历史时刻反复出现在对自我的深思中。贯穿整个历史过程，日本人在与其他国家的人民交往时定义和再定义自己，稻米已成为关键隐喻。

如同第四章指出的，8 世纪的两个神话–历史和皇室仪式竭力挪用稻作农业作为日本文化的特征，以对立于中国文化，而事实上，稻作农业是从中国传入的。日本以前没有发明自己的书写系统，完全采用中国的书写系统并以此写下了日本稻作农业起源的版本，因此，这是借用了中华“文明”的另一个标记。而且，他们还采用中国对日本的称号，*Nihon*（太阳升起的地方）；从中国人的视角看，日本座落在太阳升起的地方（与网野善彦的个人交流）。很多民族都采用其他民族的宗教甚至语言，因此，日本的例子不是唯一的。引人注目的是日本人的自我概念产生于与中国人的交往，并通过陌生神的概念图式来加以解释。

尽管日本人热切地采用中华文明的特色之处，但他们的自我概念不能简单地等同于中国的。在努力再定义日本人的身份时，除了把稻作农业和其他中华文明据为己有外，日本人在语言上对中国因素进行了区别。如带有 *Kan*（汉）前缀的事物则来源于汉或中国，包括 *kanji*（汉字）和 *kanbun*（汉文）。同样，与唐朝有关的字，或读作 *kara* 或 *tō*，也是起源于中国的标志，如 *karafū*（唐风），*karatoji*（唐缀）和 *karamono*（唐物，或通指进口物）。

103

虽然词组“和汉折衷”（*wakan secchū*）表示日中的结合，但最能表达自我和他者关系的是和魂汉才（*wakon kansai*）。这个包含了两国最优秀成分的词组代表了日本人努力保存他们作为“和魂”[4] 的身份。如上所指，在日本古代，稻米象征性地等同于灵魂，依次等同

4 虽然是偶尔的，但这个短语在当代日本继续在使用。例如，太阳神户银行（Taiyō kōbe Ginkō）在 1983 年举行十周年庆典时，给客户分发了一本藤堂明保（Fujidō Akiho）编撰的《和魂汉才字典》（东京：昭文社）。

于神。词组“和魂汉才”最重要的是揭示了日本人坚持以灵魂和来源于中国的稻米作为自己的身份。而且，在日本人的概念中，人与动物不仅仅如西方人那样通过理性来区别，还通过由灵魂产生的情绪来界定（Ohnuki-Tierney 1987: 200）。因此，像“和魂汉才”这样一个简单的表达其实来源于日本文化中的一个概念基础，这个文化经历了重要的转变。

只要中国仍然是界定明确的他者，日本人相对于中国人来定义自己的任务就比较容易，但当日本人眼中的世界不再仅仅是日本和中国时就变得困难起来。到了18世纪，日本人已敏锐地意识到了各种西方文明。葡萄牙人带来了火器、肥皂和其他物品，同时西班牙人还强迫日本人接受他们的医学体系，对有些日本人而言，西医比原来传入日本的中医更先进。日本人更敬慕德国、英国和美国的科学、医学和技术。这些国家不分民族和个体都被笼统地称为“西方人”。此时，中华文明——日本人曾经的镜子——在文化上和政治上不再拥有它的权力巅峰。更混乱的是，日本人不得不面对西方人不加区别地把自己看作东方人，就如日本人把所有西方人混为一谈一样讽刺。

这样一个复杂的国际场景要求日本一方面把自己区别于西方，另一方面把自己从亚洲或“东方”分离出来。虽然日本人和西方人的区别可以通过稻米相对于肉（或面包）来表达，但日本人与其他亚洲人的区别就要困难些。特别是，这个区别不能用稻米与其他某些食物来表达，因为其他亚洲人也吃稻米。因此，这个区别不得不建立在日本土壤生长的国产米相对于外国米基础上。 104

国产米作为日本人的隐喻，对立于作为其他亚洲人的隐喻外国米，这一现象出现在近世早期末。在18和19世纪，国学家选择把农业意识形态和稻作农业作为日本人原初之道以建立日本人的身份。对本土运动中四个主要人物之一平田篤胤而言，最关心的是稻米种植；稻米生产和消费等同于神道崇拜和他们祝福的报答。他认为日本人的独特性表现为其稻米是神米，并贬低中国稻米为“下等”，“人类一开始就这样规定的”，因此，“吃中国米就会衰弱而死”（Harootunian 1988: 211—212）。因为平田认为吃和工作都是一种宗教行为，所以他贬低其他民族在宴席中的争吵“如同狗一样”，并认为其他民族尊敬日本人是因为他们优雅的餐桌礼仪（Harootunian 1988: 213）。因此，对平田而言，人与动物的区别就如同日本人与其他国家人的区别。更重要的是，这些吃下等米和具有不文雅餐桌礼仪的“他国人”是非日本人的亚洲人。

近世早期末和明治时期的学者试图把日本人与中国人区别开来的方法之一是称呼中国人为“支那”（Shina），这是其他国家人对中国的一个称呼。在亚洲，支那最早出现在印度的经书中，在近世中早期被日本人采用；直到“二战”末才停止使用。中国人称呼他们自己为中国，字面意思即中央之国，在他们看来，中国是世界的中心（参见S. Tanaka，日期不详）。通过采用支那这一称呼，日本人故意忽视中国人把自己作为世界代表的意义。

明治时期日本人努力把自己与其他亚洲人分离开来，继续通过稻米隐喻来表达。例如在此时期最著名的作家夏目漱石的小说《矿工》中，一个出身“好家庭”的19岁小伙子离家到了东京，被一个可疑的人带到了一处矿井。小说这样描述矿工的职业：如果问有什么职业比挖矿更下等，就如问12月31日后是哪天。小说以第一人称叙

105

述了这个年轻人在一处铅矿的经历。他第一次在矿井吃饭时，他凝视着饭桶（*meshibitsu*）。他已经两天两晚没进一滴水和一粒米了。虽然他已绝望（“灵魂已缩小”），但当看到饭桶时立即唤醒了食欲。他把米饭舀到碗里，立马就用筷子吃了起来。令人惊奇的是，米饭太滑不好操作，试了三次后仍没成功，他停下来想为什么这样；在他19岁的经历中，从来没有发生过这种事。在他停下来时，正在看他的其他矿工突然大笑起来，其中一个大叫，“看他在做什么”，另一个则说，“他以为这是银米（ginshari），虽然今天不是节日”。第三个说，“没有吃南京米（中国米）（*nankinmai*），怎么能说他是矿工！”（Natsume Sōseki 1984: 560—561）。他匆忙把饭刨到嘴里，发现没有稻米的味道；更像筑墙的泥土。在另一段，一个矿工向已回学校的主人公解释，由于他的错误行为导致了他在“矿井吃米饭（meshi）”（Natsume Sōseki 1984: 556）。

反映他可怜生活条件的另一个线索是他的床上发现大量的臭虫，日语叫“南京虫”（*nankinmushi*）（中国虫）。小说以这个年轻人总结他吃中国米和被中国虫吃而结束（Natsume Sōseki 1984: 674）。

一个受过教育的矿工，曾经也“堕落”，鼓励这个年轻人，“你难道不是个日本人吗？如果你是日本人，离开这个矿井找一个适合日本人的职业。”

中国米和中国虫象征矿井下凄凉的生活，而矿井外的生活才适合日本人。/ 国产米：中国米 :: 银白色：泥土 / 的象征对立代表了基本对立 / 日本人自我：边缘化的外部他者，在日本人看来，此时中国人已成为这样的他者。现代化的日本面对一个把自己区别于西方和其他亚洲人的双重身份识别过程。

作为自我的稻米和作为他者的肉：日本人与西方人

近世早期末，日本人敏锐地意识到在他们封闭的国家外存在一个西方文明。国学家通过“农业”和“乡村”来再定义和代表原初的日本。农业特别是稻作农业被推崇不仅仅限于这些学者。日本的季节，甚至还有日本的景观通过稻作农业符号，如版画中成捆的稻谷，有时是富士山背景来代表。[5]

106 这个模式从明治时期一直持续到现在。柳田国男的“常民”和其他学者从山民到农民的研究转化正好出现在日俄战争期间，日本人第一次与西方国家抗衡。当时，日本人同时进行看似矛盾的努力，即“现代化 / 工业化”他们的国家，以及通过遥远过去的稻作农业来再定义他们自己。

不用惊奇，稻米作为日本人的隐喻主要出现在明治时期，日本刚刚对外开放不久。明治政府统一全民的重要工具是农业意识形态，他们敏锐地意识到在科技方面远远落后于西方各国。他们非常敬慕西方的科技，当他们闭关锁国时西方已经历了 3 个世纪的发展。

对日本人自我与作为“他者”的西方人之对立的论述，采取了稻米与肉相对立的形式。在日本人看来，肉是西方饮食的一个重要特点。6 世纪佛教传入不久，其对众生慈悲为怀的教义很快转化为法律上对吃陆地动物肉的禁令。日本人“正式”的膳食主要是鱼和

---

5 例如，川濑巳水（Kawase Hasui, 1883—1957）创作的《从伊豆半岛看富士山》版画，稻束与作为背景的富士山一同出现。这幅现代版画收藏在波士顿美术博物馆。

蔬菜。[6]

一些人毫无顾忌地模仿西方，主张放弃稻作农业而饲养动物。他们认为只要日本人继续只吃稻米、鱼和蔬菜，那么他们的身体就不能跟吃肉的西方人竞争（Tsukuba 1986: 109—112）。他们也把稻米饮食跟乡巴佬和野蛮习惯联系起来（Tsukuba 1986: 113）。[7]

其他人反对模仿西方，强调稻作农业的重要性和稻米饮食的优越性。因此，佩里将军访日时，他们安排了一次表演，相扑手被要求在外国代表前举起一个米包，一个代表问"日本人"为什么如此强壮。其中一个叫常陆山（Hitachiyama）的相扑手回答说，是因为吃了日本土壤生长的稻米（Tsukuba 1986: 109—112）。

从近世早期，特别在"二战"期间，国产米象征性地代表了日本人的集体自我。更特别的是，白米或纯米的纯洁成为日本人自我纯洁性强有力的隐喻。"二战"期间，白米——特别具有象征意义但最没有营养——被存积下来给最宝贵的人——士兵。其余的人为日本米的匮乏和日本的胜利所激励努力地工作，政府承诺这样会带来有足够白米的好时代，那是"日本米"而不是外国米（gaimai）。

107

如同通过前缀把日本的物品与中国的物品区别开来一样，某些前缀称呼日本的物品而不是西方的物品：*wa*、*hō* 或 *nihon* 称呼日本的，而洋（*yō*）则称呼西方的，如：

6　一些人继续吃肉，尽管他们把肉"转化"为花。因此，花名被赋予动物肉，如樱花是马，牡丹花是野猪。

7　一些学者太以"日本人论"（*nihonjinron*）来看待筑波的作品，一种半学术半新闻风格的作品试图以沙文主义的意识把日本人一致化。就如第九章所解释的，我使用他的作品只是作为民族志资料。

日本	西方
和食（*washoku*）	洋食（*yōshoku*）
和果子（*wagashi*）	洋果子（*yōgashi*）
和纸（*washi*）	洋纸（*yōshi*）
和服（*wafuku*）	洋服（*yōfuku*）
日本酒（*nihonshu*）	洋酒（*yōshu*）
日本馆（*nihonkan*）	洋馆（*yōkan*）

那时一些外来词被保留以区别于日本的对应物：*wain*（*wine*）指西式酒而不是日本清酒（米酒）。

虽然有些表达是自明的，但有的需要解释，如“吃横向饭”（*yokomeshi o kuu*），就需要作进一步的解释。这个特别的句子涉及西方的字母是横向书写的；汉文和日文是垂直书写的。人们常说，“我横向书写不太好”（*yokomoji wa nigateda*），意为“我英语不太好”。因此，吃横向饭指西方饮食，进一步意为对西方生活方式的调整适应。

今天的日本充满了外国食物。不仅有巨无霸汉堡（Big Macs）、披萨、肯德基、DQ 冰淇淋（Dairy Queen）、艾德熊麦根汽水（A & W），还有贝果面包（bagel），另外有来自世界各文化的高级烹饪术可获得和学习。此外，因为有大量的西方食物，日本烹饪“和食”开始出现显著的回潮。街头汽车和报纸充斥着大量的饭店和旅馆打的广告，特别突出的是日本菜。

日本烹饪起源于京都茶道中的怀石料理（*kaiseki ryōri*），是日本文化最明显的当代“建构”或“发明”。从色彩丰富的菜肴图片中，当代日本人“学会”了什么是日本烹饪，尽管这些菜决不是忠实地再造茶道的传统菜肴。从来没有一个典型的传统日本料理。讽刺的是，日本现在为这些“日本菜”进口了许多原料。在大量的西餐中，当代 108 日本人通过构建自己的饮食方式来重申他们的集体自我。

稻米是“传统日本烹饪”的限定性特点，但消费的总量却很少。膳食越高级，副食就越多米饭越少。因此，虽然稻米持续被作为主食和菜被作为副食，但在高级烹饪中量的平衡被颠倒，强调的是副食而不是米饭。在和食中，不管高级与否，都会有米饭，即使是一点点。“和式牛排”（*washokushikisuteiki*）——当代日本流行的菜品——与白米饭一起被呈上。词语所表达的象征等级，是把米饭作为主食，对立于菜作为副食，表达了稻米的重要性远远超出了主食的意义。

米饭与西餐如牛排搭配常常称为 *raisu*，即米，“米汉堡”（*raisu hanbāgā*）是一种用两层圆形米饭做的汉堡。各种类型的“米汉堡”还包括用串烤鱼贝、鲑鱼和牛蒡等做成的。许多西菜如肉排、汉堡、牛排、蛋卷等都可以与米饭搭配。在饭店，服务生通常会问，“你是喜欢加米饭（*raisu*）还是面包（*pan*）（来源于葡萄牙语面包的发音 *pão*，被日本人采用）？”从 *gohan*（御饭）到 *raisu*（rice 的日语发音）的转化是一个重要的语义标志；*raisu* 的使用表示这道菜属于不同的烹饪体系，而不是日本的“和食”。

在当代日本，食物对穷人来说仍然被想象为大量的稻米、腌梅及泡菜，如同吃面包的国家主要是面包伴汤和盐猪肉。不考虑量的问题，在日本稻米仍然保留“任何膳食群的主角地位”（Dore 1978: 86）。

西方短粒米与日本短粒米

当强大的他者美国迫使日本进口加州稻米时，日本人立即保护国产米和日本的农业。大概任何当代的日本人不会认为稻米具有灵魂或是一个神，正如一个没有个体信仰的集体表征。许多人并没有意 109 识到稻米和皇室制度的联系，皇室制度与今天日本人的身份没有多大关系。

而且，这不是日本第一次遇到外国米的进口问题。很久以前，日本就不断进口外国米，并且还种植“外国米”：

> 13 世纪，从印度支那（占婆）通过中国进口了一种水稻品种。因为早熟和抗寒冷及抗害虫很受欢迎，到了 14 世纪末在西部省份广泛种植。根据赞岐（Sanuki）和播磨（Harima）的醍醐寺（daigo ji）庄园记载，他们大约 1/3 的米税是这个品种。但色泽和味道不太好，主要是穷人阶层消费。（Sansom 1961: 183）

今天的国产米，当代日本人认为是**日本米**，事实上是“传统的发明”，许多原初的品种完全不同于今天种植的品种。而且，过去的日本稻米并不仅仅只有一个单一的品种。就如我们看到的，每个农家都种植自己品种的“日本米”。

与其他进口到日本的稻米不同，加州稻米与国产米相当一致。不像从中国和其他稻米国家进口的长粒米，加州短粒米的种子是从日本引进的，因此与日本米很相似。但是从象征意义上说，就如代表他者的其他食物一样，加州短粒米与日本米不同，因为它是在外国土壤里生长的。

强大的全国农业协会指出日本从美国进口了77.1%的谷物、88.5%的大豆、58.7%的小麦、53.7%的高粱（*Zenchū Farm News*, no.5, January 1987: 2），并发表了以下声明：

> 日本的农业中，水稻与其他作物相比特别重要。毫不夸张地说，全部稻米能够保持自给自足，对日本的农业和农家是唯一的保证。日本的水稻种植已有2300年的历史，影响到国民生活的方方面面，包括社会秩序、宗教生活、节日、食物、衣服和住房，因此，塑造了典型的日本文化。另外，日本的农业和农家经济传统上是围绕稻米而展开的，其他农业部门，如家畜饲养和园艺，实际上是以稻米为基础的。

自民党科技部主管和议员冈部三郎（Okabe Saburō）对稻作农业在日本的角色表达了一个相似的观点。[8]为了解释稻作农业的优点，他提请注意东京的神田川经常发生洪涝，由于上游稻田的变动导致雨水流入城市。如果那里有稻田，那么60%的雨水就会被稻田吸收；如果没有这些稻田，那么90%的雨水就会进入神田川从而引起水灾。他认为稻作农业的作用远远超出了单纯的粮食生产。对洪水控制、土

110

8　已出版的《参议院外务委员会记录》（Record of Sangiin Gaimu Iinkai Kaigiroku），第5部分（在118届国会期间），第7页。

壤保持、地下水储藏、水的净化和土地美化都有相当大的作用。他的结论是，在亚洲季风区对每个水稻生产国家而言稻作农业是最好的土地利用方式。

全国农业协会和自民党议员的陈述完全是可预料的，如果他们单独表达这种情绪，可能会忽略其意义。值得注意的是日本其他社会力量，包括消费者也使用同样的表达把稻米与日本人的自我联系起来。《朝日新闻》（1990，6，13）——日本最自由的报纸——社论栏目写道：1988 年，一个日本人一天消费的 2629 卡路里中，仅仅 49% 来源于日本生产的食物。在 49% 中，54% 来源于稻米。通过卡路里的计算，日本人在世界上自给自足是最低的。因此，根据社论的观点，如果国产米受到威胁，日本食物的自给自足会遇到严重的危险。

同样，井上厦（H. Inoue 1988）强调根据岩手县农业部门的估计，在日本东北要把稻田作为堤坝修建仅仅需 200 万亿日元（也见 Shimogaito 1986: 13—15）。稻米生产确实会保护土壤，即日本的土地。不仅土壤，而且植被和空气都会直接受益于稻米生产。井上附和了报纸和其他媒体所表达的共同情感，“美国米不能净化空气，也不能美化风景”（H. Inoue 1988: 103）。在这些论述中，稻米象征了日本的自我、土地、水和空气。

稻米进口的反对者在强调国产米优点的同时，也强调加州米的不足。一个常见的说法是美国对农产品施用了大量的化学品。下垣内博（Shimogaito 1988: 76—78）列举了大串化学品，有杀虫剂类和防腐剂类，并强调了日本稻米无化学品的好处。全国农业协会察觉到了这种恐惧，制作了一段影像夸大消费化学农产品对人体的危害。但这种极端的策略在日本遭到了批评（《朝日新闻》，1988，4，1；1988，8，3），因为日本并不是所有的农产品都是无化学品的。最后他们终止了这场运动。 111

在象征层面，对稻米使用化学品的控告与前面提到的自我反身性结构有关，在认知和情感方面，纯洁与污染是最重要的原则。化学品象征外国米的污染，因此，造成对日本自我纯洁性的威胁。

对加州米的争论清楚地证明了国产米是日本人自我和他们的土地、水、空气的隐喻，所有这一切最本质的属性是纯洁。在这个话语中，把自给自足与国产米等同起来是最常见的表达（也见 Ōshima 1984: 2—4）。自我的其他比喻还包括命根子作物（I. Yamaguchi 1987: 40）；生命线；最后的圣域（《神户新闻》，1990，7，6）；最后的根据地（农渔省大臣的说法，《朝日新闻》，晚间版，1990，6，27）。最后两个词组表达了日本人的一个恐惧，如果他们在稻米问题上让步，那么他们就不得不对来自美国的其他压力让步，如核武器。

历史的合然与变迁的身份

与日本作为一个孤立国家和思想封闭的沙文主义国家的刻板印象不同，日本人的身份是在与外人不断对话中形成与再形成的。在 8 世纪，日本人把从外国传入的水稻和稻田作为自己身份的标志。更重要的是，即使到了今天这些支配性的隐喻仍然具有象征力量。

当代日本是一个后工业国家，与稻田农业社会相距甚远。政府对农民的补贴受到城市人的抨击，现在城市人构成了人口的主体。当副食逐渐增多时，稻米需求急剧地减少。但是稻米继续作为日本人自我的支配性隐喻。许多人，但不是所有人，把加州稻米的进口看作对他们身份和自主性的威胁。反对政府补贴农业和农民的城市人仍然愿意为国产米的象征价值付出代价。

稻米问题成为保护自我在受到他者威胁时的焦点。有趣的是，加州稻米问题与昭和天皇的患病和死亡同时发生，但几乎没有被卷入进去，其跟稻米的象征关系几乎被遗忘，其代表日本的象征权力受到强烈的侵蚀。世俗化的稻米带着强烈的情绪反响保留了自我的支配性象征，戏剧性地出现在强大的他者美国迫使日本开放稻米市场之时。

为什么在日本出现经济奇迹的历史时刻会有强烈的对农业和稻米隐喻的支持？日本的经济成就促进了对自我与他者关系的思考（Ohnuki-Tierney, 1990a）。19世纪末当国门打开时，在日本人看来，西方文明的优越性主要体现在其先进的技术。本土的陌生神概念提供了一个外国人优于自己的一个模式，以及供日本人模仿的一面理想的镜子。日本人努力发展技术，可以通过技术的象征位置来解释。通过取代西方的技术，日本人不再感觉低于他者。就像许多日本人看到的，他们在高端技术、自动化产业和其他经济–技术领域对世界市场的"征服"不能仅仅看作是经济上的成功。作为优越于他者的象征，技术和工业刺激日本人努力发展这些领域。反过来，他们的成就对他们的集体自我概念产生了极大的冲击。这幅图画相当复杂，其中象征结构的内部逻辑为"外在"现象，如外国人提供了象征意义，技术的象征意义部分造成了日本人的技术发展，反过来影响了日本人的反身性结构。

因此，从反身性结构的视角看，对日本人来说当前是一个新时期，他们在历史上第一次感觉到他们已经“控制”了外部，即他者，1945 年他们的负面力量毁坏了这个国家。自我与他者的等级关系已颠倒。对日本人而言这个颠倒是破天荒的大事，因为过去中国人和西方人一直优于自己。

无论如何，日本人还是认为他们被置放在东方国家的框架内。新闻评论家丹·拉瑟（Dan Rather）在去日本的途中一直都宣称有 150 名外国代表参加天皇的葬礼，实际上有 163 名代表参加。[9] 每一位代表都被计算，因为对日本人而言代表的人数反映了日本在世界上新的地位。一些日本人认为拉瑟的粗心反映了日本还没有完全获得承认。他们也敏锐地意识到在美国有大量的反日情绪和态度的出现。到了再重新定义自己的时候了。他们利用外来的扎根本土已久的稻作农业作为自己的明确特征；起源于西方的科技太近而不能作为自己的。日本人坚持以国产米作为再定义濒危自我过程的一部分。 113

从这幅图画中浮现出来的问题是，尽管陌生神为日本人提供了一个概念化他者优越性的模式，但他们从未简单地崇拜他者。事物总有双重性，因为他者的优越性会给他们带来关于自己的矛盾性。为了理解日本人与他者特别是西方人的关系，必须记住这个矛盾，即许多民族——他们在政治上和 / 或文化上被殖民——必须与西方的关系作斗争（见第九章）。一方面，与他者的矛盾会造成令人惊异的沙文主义，另一方面也能引起日本人的民族身份的历史连续性。艾森斯塔德

9　电视报道是空前的；在东京成立了一个工作室，丹·拉瑟和其他重要记者被派去现场报道。现场秀充满了“异国情调”的符号，包括每次报道前的“粉丝”图像和日本音乐。

（Eisenstadt 1978: 144）指出一个结构的、组织化的多元主义——如欧洲模式——在日本已得到发展，但仅仅局限在民族身份的连续性架构内。

通过与不同他者的复杂对话，稻米和稻田作为隐喻一直代表日本的自我，尽管如此，在日本人遭遇不同他者时，一个自我已转化为数个自我。

第八章　跨文化视野中作为自我和他者的食物 114

在其他许多文化中，食物、农业和自然的象征丛同样也被作为自我的隐喻。一些例子凸显了重要食物作为反身性隐喻的文化特殊性和跨文化的相似性。不用说，以下的比较并不成系统。

食物（Food）对食物（Foods）

如同有多重行动者和社会群体的声音，在一个单一民族内也有多样的进食方式。一方面，有显著的跨文化的相似性，即人们把一种特殊的食物作为他们食物的缩影。通过跨文化比较发现，人们选择作为自我-身份的食物常常取自强力人物，如男人和/或社会上层阶级成员专属的食物。

几乎在所有文化中，重要食物都被性别化，体现了社会分层，具有强大的象征意义。萨哈林岛南部的阿伊努人直到世纪之交仍然是狩猎–采集民族，不管男人还是女人都把熊肉作为食物。我清楚地记得，我的女性报道人怎样高兴地谈论美味的熊肉，其中最好的部分归男人享用。跟熊有关的行为都是男性行为，在举行屠熊仪式前妇女必须离开（详见 Ohnuki-Tierney, 1974，1981）。我不久发现许多阿伊努人一年仅仅能尝到熊肉一到两次，幸运的话可以多一点（Ohnuki-Tierney 1976）。熊是男性神，虽然单个熊的生物性别被区分。换言之，这种具有男子气概的食物适合所有的阿伊努人。同样，在昆桑人（!Kung San）中，肉比植物食物更有价值，在一年的饮食中占 60%—80%。大约比肉多两倍的卡路里是由蒙贡果（*mongongo*）提供的，占了相当大的比例（Lee 1968）。在新几内亚，山药（yams）——最普遍的食物，在宴席上被分配的食物——由男人栽种，而妇女则种植甜土豆（Rosaldo 1974: 19）。在澳大利亚土著中，只有肉被认为是适当的食物，也是由男人来分发（Kaberry 1939）。

115

在狩猎–采集民族中，赋予肉非常高的文化价值几乎是个普遍现象（Friedle 1975: 13）。赋予肉的价值高于植物食物以及男性对肉的专属并不局限在狩猎–采集民族，其他许多吃肉的民族也如此。当代美国，在假日餐桌上仍然是男人切肉如火鸡、火腿和烤牛肉，还负责烧烤肉类特别是牛排，反之其他类型的烹饪传统上则由妇女担任。尽管素食的人口逐渐提高，人们因健康原因讨厌红肉，但在聚餐时不会使用严格的素食，特别是在共餐具有重要的社会功能时。

在高度分层的社会，阶级 / 种姓结构在食物象征主义方面也扮演了一个重要角色。门内尔（Mennell 1985: 64）从历史角度指出了作为文化分水岭的中世纪末期，欧洲的烹饪发生了重大变化。他探究了 18 世纪末饮食上阶级差异的出现，当时上层和中产阶级的精致饮食凸显——文艺复兴时期意大利各城市的宫廷摆脱了整个西欧常见的中世纪烹饪风格而导致了这个趋势。1553 年从佛罗伦萨嫁给亨利七世的凯瑟琳·德·美第奇（Cathérine de'Medici），其手下的厨子把意大利烹饪带到了法国，不久法国就把它抬到相当优雅的高度并“宣称自己是欧洲饮食的至高无上者”（Mennell 1985: 63）。这个历史发展与世界其他地区很相似。布罗代尔（Braudel 1973: 125）大胆地宣布“每个成熟文明都知道精细的烹饪”。

布迪厄强调食物味道的区隔在于，一方面是阶级与性别的中介，另一方面是关于身体的“趣味、阶级文化转为自然，即身体化，帮助形成了今天的阶级……身体是最不容置疑的阶级趣味的物质化”（Bourdieu 1984: 190）。古迪（J. Goody 1982）检验了“高”“低”烹饪的历史过程和决定性因素。在某些社会，如古迪提到的西非，生产的主要模式（轮耕）和交流（口述）阻碍了阶级的形成，结果也阻碍了烹饪差异的形成。另一方面，凡斯那（Vansina）（个人交流）认为在 18 世纪卢安果王国，香蕉是精英的食物，玉米则是普通人和奴隶的食物。

一个有趣的跨文化相似的现象是，某种特别的“有教养”食物的“味道”在整个人群中传播。稻米刚开始仅仅是日本中部精英的主食，但是最后成为全体日本人最可欲的食物。白米（精制米）成为真正的米，而未精制的稻米则成为穷人的食物。面包在英国也经历了相同的历史过程。到了 18 世纪末，因为它的身份价值，白面包的声望超过了黑面包并扩展到工人，他们吃“小麦面包（全麦）”被认为“会经受虚弱、不消化和反胃的痛苦”（Thompson 1971: 81）。糖的故事——西方殖民扩张的象征——与稻米和面包的故事高度相似。根据

116

西敏司（Mintz 1985）的看法，大约在 1100 年少量的糖出现在英国，从 1650 年开始糖开始发生变化，从精英的休闲食物发展为许多国家普通人的必需品。在这个过程中糖也被白化。"即使在许多蔗糖消费已有好几个世纪的社会中，其'发展'的结果之一就是老的、传统的糖逐渐被白的、提炼过的产品所取代，其生产商喜欢称之为'纯净的（pure）'"（Mintz 1985: 193 ；也见 87）。

当经济富裕惠及社会各阶层时，出现了口味上的颠倒。"自然食物"开始流行，如同英国和美国对黑面包的偏好；未精制的稻米正重返日本的市场，但只局限在关心健康的少数日本人中间。在日本，比未精制的稻米更流行的是未精练的糖，在美国和其他国家也有同样情况。进食方式又回到了原点。

在稻米、面包和糖之间具有惊人的相似性。三种食物都与政治权力紧密相关，不管在社会内还是之外。一种特别的食物成为这个民族的食物，不管怎样它最初是在不同的社会群体和个体中间分配。阿伊努人的熊和本节讨论的其他例子也能展示一个普遍现象：被认为是最重要的食物常常是具有高度声望的食物，即强势者的食物。但最后象征性地成为我们的食物。

总体上主食作为食物的隐喻

如同稻米在中国文化和日本文化中大体上代表一般食物一样，面包在美国同样如此，常常有这样的说法："赐给我们日用饮食（give us our daily bread）"，"养家活口的人（breadwinner）"，"生活必需品（bread-and-butter issue）"，和"待分配救济品队伍（bread line)”。“最好的发明(Sliced bread)”，切片面包是伟大发明的隐喻，因为面包在文化上的重要性；“面包盒”(a bread box)是微小空间的通俗标尺。同样，“生面团”(dough)是钱的通俗表达，在美国是权力和地位的主要象征。华盛顿一个慈善厨房被命名为“面包城”(Bread for the City)。大量相同的表达包括法语的*pain*，在罗贝尔词典中就占了三栏(Robert 1962: 67—68)。 117

面包短缺标志着严重危机。就如日本发生的稻米骚乱，在吃面包的国家也存在面包骚乱，如在古代的法国。最近，美国媒体报道了莫斯科由于列巴短缺刺激了人民的中枢神经，并以此作为苏联经济和政治危机的证据。

在讨论英国18世纪面包问题时，汤普逊(Thompson 1971)评论道“仅次于水和空气，谷物[小麦]是主要的生活必需品”，当面包提价时，穷人“不会吃蛋糕”，而是吃更多的面包以弥补其他食物的不足(Thompson 1971: 92, 91)。换言之，面包是英国人的主要食物，其他食物尽管可食用，但不能完全替代它。

如同面包之于英国人和稻米之于日本人，黍米在本巴人(Bemba)中占据着中心位置。“对本巴人而言，黍米粥不仅是必需品，而且他们只能吃黍米，事实上黍米就等于食物……我亲眼看到土著人吃了四到五个烤黍米团，随后听到他们朝同伴喊道，‘哎，我们快饿死了。我们整天都没吃一口了’”(Richards [1939] 1961: 46—47)。如同稻米意味着膳食，黍米粥也代表食物或膳食。我常常听到我的研究亚洲的同事说，他们惊讶于受访者说他们还没有吃，直到吃了米饭。对这些国家的人民而言，主食是膳食的焦点，尽管数量上吃多少并不重要。

主食作为自我的隐喻

人民的具体食物成为其隐喻只是一小步。日本人争论是吃国产短粒米还是吃加州短粒米不再出现极端，但如果回忆一下法国人、德国人和意大利人在法国面包、德国面包和意大利面包之间的精心区别，就会发现每个民族都强烈地依恋自己的面包，其代表我们而不是他们。一本关于亚裔美国人的新杂志就名为《稻米》，与吃面包的白种美国人、吃玉米粥的拉丁美洲人等相区别。[1] 在 19 世纪的中非，开赛河畔的彭代人（Pende）认同于他们的高粱；孟本人（Mbuun）以他们的玉米地而闻名（Vansina 1978: 177）。如同稻米之于日本人，118 这些主食代表了与他们对立的我们。就如第一章所指出的，不仅是主食而且整个进食方式——从烹饪方法到餐桌礼仪——被紧密地、常常是热情地与人民的集体自我连在一起。

共餐

象征性的重要主食，如稻米之于日本人，被选择为共餐的食物。面包作为共餐的重要性被强烈地表达在天主教徒和许多新教徒领圣餐的（Communion）礼仪中采用面包和酒。对相信圣餐变体论（transubstantiation）的人而言，面包和酒转变为基督的身体和血了。在最后的晚餐中，基督分发面包和酒，圣餐礼（Eucharist）和主的晚

1 感谢普林斯顿大学的内尔・彭特尔（Nell Painter）使我注意到了这本杂志。

餐（Lord's Supper）总会涉及这两个项目。甚至在今天，不管是正式的还是家庭的进餐，面包被围绕餐桌传递，而其他食物则被放在个人的盘子里。面包仍然作为共餐的食物。

因为在共餐中的角色，黍米对本巴人而言特别重要：在土著人眼里黍米粥的重要性表现在传统的言辞和仪式中。在谚语和民间故事中黍米粥就代表食物本身。在讨论他们的亲属义务时，土著人会说，“一个男人怎么能拒绝帮助他母亲的兄弟呢？这个人在这些年一直给予他黍米粥。”或者，“他不是她的儿子？她怎么能不给他黍米粥？”（Richards [1939] 1961: 47）黍米粥是共餐的食物，对本巴人来说其意义和价值来自这些文化实践，而不是在数量上满足胃口的需要。

作为强有力的非言辞交流手段，在几乎每个文化中，共餐象征性地等同于性的结合。在描述通过物品、信息和妇女来进行交流时，列维-斯特劳斯（Lévi-Strauss 1969: 269）通过南美的例子提示要注意食物消费和性结合的近乎普遍的象征等值：“所有这些神话呈现了性的方面。正如世界各地一样，南美的语言证明了两个方面紧密联系这个事实。图皮人（Tupari）通过一些惯用语来表达性交，其意为‘吃阴道’……，‘吃阴茎’。南部巴西的卡因冈人（Caingang）方言中有一个词具有‘交媾’和‘吃’的双重含义。”日本皇室的大尝祭也不例外，其在食物消费、仪式、农业生产和人的生殖之间规定了象征的等值。

共餐和性的结合是一种纤维，它把人际关系编织为具有文化意义和美丽图案的锦缎。不是为了简单满足胃口的具有数量价值的食物，主食的象征意义来源于其在共餐中的角色。 119

共餐中的植物食物

人类学家对共餐抱有持久的兴趣；结构功能主义者和结构主义者很久前就指出了其意义。但在人类学的讨论中，肉特别是大型猎物的肉比植物食物得到更多的关注。最普遍被引用的解释之一是大型猎物因体积使其在献祭仪式后的共餐中特别的明显。这是为什么阿伊努人追逐危险的熊、昆桑人从事艰难的和危险的旅程去猎杀长颈鹿[2]并把它们称为食物的原因及解释。相反，阿伊努人和昆桑人的妇女采集块茎植物和蒙贡果，实际上这些才是“主食”，但从来没被提高到像大型猎物一样显赫的地位。

但是稻米和黍米完美地成为了共餐食物。对植物食物的忽视，我想部分是因为人们自己赋予了肉类很高的价值。同时也是许多学者所属的西方文化指派给植物食物低价值的结果。在希腊神话和《圣经》中充满了对动物和植物食物的区别对待；前者获得了更多的声望，因此被安排给男人。在希腊神话中，赫拉克勒斯（Hercules）是“男性猎人”的原型。反之，得伊阿尼拉（Deianira）则代表“女性耕作者”。《圣经》中主对亚伯的爱超过了对该隐，象征性地表现在主接受牧羊者亚伯的动物献祭和耕作者该隐的水果献祭。亚伯和该隐代表了一个高度复杂的思想结构，该隐与农业和植物食物的联系被植根在一个动物价值更高的文化中。

就如我在第四章引用的，仪式共餐研究的主要人物罗伯逊·史

---

2 捕猎长颈鹿在电影《猎人》中有描写。马歇尔（Marshall 1976: 357）认为仅仅偶尔捕猎长颈鹿；经常捕猎的动物有羚羊、白条纹羚羊、大羚羊、角马、麋羚、跳羚、疣猪和鸵鸟。

密斯（Robertson Smith）坚持认为，只有动物牺牲构成了神与人之间的交流，谷类祭品只是送给神的贡品："围绕肉坐在一起的人产生了社会效果；不在一起吃的人是陌生的，没有宗教同伴，没有相互的社会责任"（Robertson Smith [1889] 1972: 269）。

如前所指，他把得自弗雷泽的信息降格放在注脚中，即真正的献祭宴席是由新米构成的，并且人们还信仰稻之魂。因此，他没有认识到在动物和植物食物能够作为共餐食物之间没有"真正的"差异。在吃稻米的民族看来，稻米是有生命的并具有灵魂；对日本人而言甚至就是神。在讨论北印度的丧葬仪式时，佩里（Parry 1985）指出，虽然被栽种的作物是"典型的食物"，但对婆罗门而言稻米就是"典型的食物"，他还提到 19 世纪把死者的骨头和煮过的稻米相混合的做法。 120

动物中心观或对植物食物的偏见，在另一个大历史学家布罗代尔的观点中也有所体现。在解释完农产品的卡路里优势后，布罗代尔直率地表达了他的偏见：

> 现在以牺牲狩猎和广泛的家畜饲养为代价，土地都被用来种植作物了。几个世纪后，越来越多的人开始吃蔬菜食物……常常或总是单调无味的……在古希腊据说"吃大麦粥的人不好战"。几个世纪后［1776］一个英国人说："你会发现吃肉的人比吃清淡食物的人勇敢。"（Braudel 1973: 68）

在许多欧洲国家，肉不仅被性别化而且与阶级相关。猎物之肉是欧洲前工业社会上层阶级的象征。在 19 世纪，野生动物的肉仍然保留很高的声望，那时小资产阶级则吃家养动物的肉。即便今天，具有很高声望的打猎仍然是男人的行为。欧洲乡村下层阶级的食物继续以黑面包、汤、鸡蛋和日常产品为主（Mennell 1985: 62—63）。

重申一遍，某种食物被选择为共餐食物没有客观原因。相反，被选择为共餐的食物是由高度的文化价值所强调的。

作为自然的植物食物

日本文化中稻米象征主义的一个重要维度是稻田代表了农业、乡村和过去——所有被象征化的自然包括土壤、水，最后代表了日本国家及其人民。日本文化中这些联系远不是唯一的。在不同文化中也发现了农业与自然的象征等值——远东的农业生产者和欧洲肉食者及动物饲养者中。这相当有趣，因为农业不仅仅代表了人对自然的征服，而且还象征了自然彻底转化为可耕种的土地（Tuan 1989: 82）。

121

农业加自然的表征通常被赋予了积极和消极的意义。关于“英国乡村”的文化建构，纽比（Newby）、威廉斯（R. Williams）和其他学者有清楚的说明。威廉斯（R. Williams 1973: 1）把英国乡村和城市的双重属性看作为一个历史的过程：“在乡村集中了生活自然之道的观念：和平、单纯和简单的美德。在城市则集中了以成就为中心的观念：学习、交流和启发。一些强大的敌意性的联想也得到发展：城市是喧闹、世俗和充满野心的地方；乡村则是落后、愚昧和狭隘的地方。”

乡村与城市的对立不仅表现在今天的英国，而且还可回溯到古代时期（R. Williams 1973: 46—54）。对雅典人而言，“乡村生活是一种过失，尽管它是不可挽回的已失落的神的花园”（Tuan 1986: 34）。在同样的脉络中，纽比（Newby 1979）讲述了18世纪的一名地主怎样委托他的庭园设计师重新布置自然以形成今天已接受的“如画的自然美景”。因此自然代表的是“天工（works of nature）的对立面”，因为它去除了“令人不快的农业必需性”（Newby 1979: 16）。通过一系列的画家，英国的自然风景被具体化——肯特（William Kent）、“万能的”布朗（Lancelot [“Capability”] Brown）、里皮顿（Humphrey Repton），等等——他们专画这类被建构的自然。“对多数英国城市人而言……乡村支撑一种宁静的、田园般的存在，由于与自然的交流，这是快乐的阿卡狄亚人（Arcadians）（淳朴的人）所欣赏的；或者它是另一种落后的孤立的世界，在那里由于与乡巴佬无聊的竞争，导致忧郁症和可疑的乱伦”（Newby 1979: 13）。

在20世纪70年代，“对立于城市的、工业化的英国关于冲突、罢工和两位数通货膨胀的明显没完没了的令人沮丧的新闻，”一个真正的英国乡村在英国民众，特别是在对农业毫无所知、仅仅懂一小点日历和巧克力盒盖子的中产阶级心中兴盛起来（Newby 1979: 14—18）。富人可能在他们自己的院子里欣赏“自然”，如同玛丽·安托瓦内特（Marie Antoinette）在凡尔赛建了一所供自己玩牧羊的小农场（Berque 1990: 122）。

就如纽比所描述的“英国真正的乡村”，日本近世早期末的国学家赋予了乡村和城市的双重属性；明治的知识分子颂扬日本乡村及其农民的单纯和纯洁，尽管如此，他们还是把农民看作乡巴佬。这些学者热切地支持日本的现代化和工业化，同时悲叹江户（东京）生活品质的下降。

122 如同18世纪英国的画家和日本的版画家，法国的印象派在法国乡村观看“自然”。无数大大小小的画家选择法国乡村作为他们的艺术主题。莫奈（1840—1926）的“干草堆”系列和让·弗朗索瓦·米勒（1814—1875）的农民画（《晚钟》、《拾穗》等等）是最著名的例子，另外还有其他同样的画家。[3] R. 布雷特尔和C. 布雷特尔主要写法国，但也写生活在“时间之外”纯洁状态下的其他欧洲农民的代表（Brettell and Brettell 1983: 8）。[4]

贝尔克在其风景比较史研究中（Berque 1990: 87）强调，“自然”是历史的产物，在人依赖自己的人工产品而不是自然产品的时代被创造出来。贝尔克还强调是城市创造了乡村；而农民不会发明乡村（Berque 1990: 110—112）。同样，工业化造就了农业的表征。

作为过去的自然

风景和生计行为表征的本质是时间的表征。过去的表征与现在相关特别类似于乡村-农业与城市-工业的相关。“不论是最近还是遥远，可欲的过去表现出相似的特征：自然、简单和舒适——还有活泼和激动。‘老的、灰色的、现代的存在’不能使罗宾·卡森的主角与文艺复兴时期威尼斯的‘新的、丰富多彩的繁盛’相比”（Lowenthal 1985: 24）。时间表征出现得很早。威廉斯（R. Williams 1973: 47）从

3 许多印象派画家的乡村风景作品中没有出现农民（Belloli 1984：尤其见“法国田野”一章，241—273），其他人，如毕沙罗（Pissarro）的作品中出现了少量的农民形象。但是，农民画比风景画还是要多点（Brettell and Brettell 1983）。

4 他们进一步在本质上把农民和“原始人”等同起来——这是一个会引发争议的想法，虽然我认为两者具有更复杂的联系。

《讽刺诗》（*Satire XV*）中引述了一句妙语：“甚至今天蛇都赞成自己比人好。”

来自西方的两个例子类似于国学家对过去原初状态的向往。明治时期的知识分子集中在传统日本相对于现代日本以及乡村相对于城市的问题上。乡村的存在代表日本人的纯洁性，它处于以城市生活为缩影的现代化压力所带来的腐蚀的危险中（Gluck 1985: 178）。明治时期的评论家认为农业是日本的基础，日本的村庄保留了过去乡村简朴的生活方式，这些生活方式反过来促进了身体的强壮；危险的城市生活则弱化了日本人的身体（Gluck 1985: 179, 181）。

格鲁克（Gluck 1985: 185）还指出了18世纪早期乡村生活的特点是模糊的；根据某些人的看法，田舍者（*inakamono*）破坏了江户（东京）的生活。第一拨乡下人离开武士阶级从偏远地区到江户（东京）是在19世纪70年代，第二拨则把村民带进了工厂做工。这两波人被认为是江户生活品质下降的原因。

123

在日本，尽管存在这些反面观点，但主流观点仍然是对乡村的推崇。为了寻找被推测存在于古代时期的“原初”日本文化，学者们包括人类学家无意地助长了“农业神话”的构建（Gluck 1985: 181）。今天，日本人继续在乡村寻找**自然**，现在怀旧地称之为“故乡”（*furusato*）——被政府、旅游业和后工业日本的城市人所推进，再造和发明他们的传统以满足游客对“乡下”人的一个浪漫的想象。

虽然在平时过去会被理想化，但在日本和其他地方危机时刻会强化对过去的向往。危机时刻人们需要再思他们的身份和文明，即他们的自我——这个自我受到了质疑。这样性质的时刻包括19世纪末的古代欧洲，在日本是幕府长期统治的末期，或者是“经济奇迹”新时代的开始，此时需要日本人自己和其他人对日本进行再评价。人们在原初自我（protoself）中寻找解决之道，其被推测存在于过去，或更准确地说存在于“神话时代”，而被“保存”在当前的乡村和农民的生活中。

作为日本自然的稻田

农业、乡村、自然和过去的表征尽管具有显著的规律性，但也包含了重要的文化特殊性的因素。例如，不同文化中自然的特点。“野性自然”在西方文化中非常重要并是迷恋狩猎-采集者的基础。同样，畜牧业被理想化为“乡村的简朴生活”（Frye 1971: 43）并产生了深远的影响，不仅表现在西方各种文化中人们如何思考自然的方式，而且还表现在宗教上，如基督教中羊羔、牧师和羊群等一系列的隐喻（Frye 1971）。

相反，原样的自然在日本缺少动物的“自然”观中很少存在。狩猎-采集者虽然也在列岛上存在过，但畜牧业从来没有出现过，因 124 此不会对之产生迷恋。他们眼里的自然是**没有**非人的动物。这个特点使日本的自然表征完全不同于欧洲文化的自然表征，在其中牧场被转化为农田，在通过农业或畜牧业而使用土地的人之间造成了一些张力，如前引述的布罗代尔的言论。虽然这里不能作全面的分析，125 但在一些欧洲文化中动物具有相当大的重要性，影响到各种表征，特别是因为从《圣经》开始动物与植物的对立，象征性地等同于男人与女人的对立。因而，在这些文化中，农业代表的过去的表征，必须放在宽泛的过去表征的背景中来看，有时由狩猎来代表而有时则由放牧来代表。

图 8.1　水稻田：稻田象征我们的土地、我们的历史。作者摄。

相反，日本的自然则是被具有灵魂的植物所占据。因此，当荒原被转化为稻米之乡时，植物成为主导并否认农业之前存在过的狩猎。

日本的自然是文化的自然，如假山庭院艺术，其所代表和呈现的“自然”已完全改变，其中所有人工的痕迹已被剔出，以便看起来是“自然的”。没有农夫的稻田因此成为典型的日本人的自然。它们代表了没有粪肥和劳作的农业，代表了理想化的过去。

日本人特别看重生食、不主张长时间过度烹煮的宇宙学意义来源于同样的自然概念。一名日本厨师的能力不是通过用多少生食烹煮来判断，而是通过他（通常是他而不是她）挑选优质生食的能力来判断。例如，刺身是上好的食材，在许多沿海地区厨师以做生鱼片而自豪。厨师必须证明他识别这种食材的能力。另外，日本厨师的目标是通过在味道、外观上保留食物的“自然”，有时甚至是强化它们来再现文化界定的自然。他们塑造食物的形状，选择和布置容器，其中许多是自然的材料，如竹子或鸢尾叶。瓷器或陶器容器被做成叶子、花的形状，或象征人跟自然亲密关系的其他物件，如船或舀水的木勺。[5]

这种自然的概念与熟米——保留自然的煮熟的食物——相比哪一个更适合代表“自然”？日本为此目的所选择的稻米类型恰恰是最远离自然的——经过磨光的精制米。

高度工业化国家农业的象征意义

如果说农业代表了自然，那么就容易理解农业与土地和国家之

---

5 值得指出的是日本的饮食不包括沙拉。

间的联系。因此，农业保护主义在许多国家是个普遍的政策，包括美国和除英国之外的欧共体。[6]欧共体的形成过程也受到无法达成一个共同的农业政策的牵制；不同的补贴食物出口影响到共同的货币制度。前关贸总协定主席威廉斯（P. Williams 1992）曾宣布乌拉圭回合多边贸易谈判的成功有赖于农业问题是否取得一致。 126

值得注意的是“真正的农业国家”，如拉丁美洲并没有像高度工业化国家那样出现广泛的农业保护主义。后者不情愿把农场从风景中除去；他们不能让“自然”流逝。唯有植物食物才可能成为“自然食物”，有益于身体健康。保护农业的修辞常常包括对食物满足胃口和身体功能的争论。这些争论甚至顽强地保留在许多国家，其中大部分人的生活标准已大大超过了以前维持生计的水平。

6　不同国家对农业的补贴见卡尔德书，表 5.1（Calder, 1988: 235）。

127 # 第九章　穿越时间的象征实践：自我、族性和民族主义

“用来思考的食物”的象征人类学具有悠久的传统，而我要补充上“用来感觉的食物”。食物与食物禁忌在理论层面已被众多人类学家讨论过；道格拉斯（Douglas 1966）、利奇（Leach 1968）、列维-斯特劳斯（Lèvi-Strauss 1963, 1969b）和坦鲍亚（Tambiah 1969），在此仅仅列举数人。还有其他许多学者对献祭的研究也作出了贡献。但主食的象征意义却没有得到系统的关注。

本书中我质疑了很多人坚持的一个假设，即所谓的主食主要是因为其数量上的价值。基于“城市人”和“富人”概念的解释，我可能过度强调了稻米和其他主食的象征价值。我赞成史景迁（Spence 1977: 261）的一个观点，即他坚持“用饥荒或饥荒威胁背景”来理解食物和吃。[1] 在日

1　我不同意他绝对的说法，即“正是饥荒的危险使农业变得如此紧要，使饮食变得如此快乐”（Spence 1977: 261）。

本饥荒时期饿死了很多人（见第五章）。在法国，达恩顿（Darnton）令人信服地指出“吃饱”是近代欧洲早期欧洲农民的“快乐原则”，他们活着时为了死后享受一顿“丰盛的饭菜”与上天签订了一个合约，上天承诺了他们（Darnton 1985: 34, 33）。我也认为存在着一个时期，在这个时期稻米、面包和其他主食在数量上比现在更具有重要的意义。然而，这些主食的象征价值即便在食物短缺时都一直非常重要。

跨文化的相似性在社会和文化制度中特别显著，主食的意义嵌入在了社会和文化制度中。没必要再错误地强调日本文化的独特性和它对稻米的影响，我已经使用了一些跨文化的例子，这拓宽了本来已很庞大的主题之范围。我还提出了在本书中未能回答的一些问题。

象征实践：稻米作为构成的物质性和意义

我讨论过的稻米好像是具有固定意义的不变的物体，没有强调它的物质性和意义两方面的多元性。当检验稻米作为象征符号时，会发现它既不是静止的物体，也没有固定不变的意义。 128

尽管稻米作为自我和自我–身份的意义看起来是单义的，但日本人的身份是与他者历史地相遇时被反复再定义的。如果自我经历了变迁，那意义也同样如此。分别与中国人和西方人相关时日本人的身份肯定是不同的。

如果以稻米表征的自我的意义经历了历史的变迁，那稻米的物质性也同样如此。原初的稻米是热带和亚热带作物，完全不同于后来的稻米品种。直到最近，因为家庭播种的传统存在多样的品种，每一种代表了家庭层面的自我。甚至在20世纪90年代，在市场上仍然有不同的品种。因此，在“稻米”的语言学标签下，无数的稻米品种被认作为日本人的稻米。

当稻米作为日本人的自我相对于肉作为西方人的自我时，稻米的整个范畴（种类）是可争辩的。但是短粒米而不是一般的米象征日本人的自我；相反中国人是由长粒米来象征的。当争论加州米时，日本土壤生长的短粒米对立于外国土壤生长的短粒米，尽管加州米“客观上”与国产米相似。

同样，少量白米可以做成高级烹饪，但也可能是一顿廉价的膳食，端看它如何提供服务。容器、气氛，更重要的是社交背景用不同的方式限定了相似或相同的稻米。主要依赖社会行动者的运用。

当代饭店的“米”和“御饭”显示了一个代码转换的生动案例，赋予同样稻米以不同的膳食体系，因而各自具有相异的意义。

或者，借用戈夫曼式（Goffmanian）的研究，为了“自我的呈现”稻米被行动者作为符号使用。因此，第二章提到的那个男人，自夸他和同事午餐吃非稻米食物，如意大利面条，事实上他是用非稻米膳食来代表他自己是“现代”的。同样日本人花很多时间出国，特别是去美国，常常乡愁地把在美国吃加州米与他们愉快的旅程相联系。甚至有些人恳求某人送加州米以便自己烹煮（《朝日新闻》，1987，5，12）。

许多学者指出了意义的构成本质或符号的意义。符号的物质性也是由社会行动者构建的，这是常常被忽视的事实。从符号的视角看，用历史的视角研究稻米的一个重要发现是“日本的稻米”并不总是同一个品种。在日本人自我每次与不同的他者相遇时，稻米变为不同的

129 稻米——刚从亚洲引进的稻米、对立于肉的稻米、对立于外国长粒米

的国产短粒米、对立于外国短粒米的国产短粒米——每一种都曾经是（was）或现在是（is）“作为自我的稻米”。因此，稻米不是静止的物体；它的物质性和意义在实践中被历史行动者所构建（第七章）。

在符号学和象征人类学中，一般强调意义的多样性；一个符号几乎总是多义的。在我最近的著述中（Ohnuki-Tierney 1990c; 1991a），我指出在行动者使用这些符号时，除了多义还常常是多喻的（polytropic），即它们具有各种比喻的能力——隐喻（metaphors）、转喻（metonyms）、提喻（synecdoches）和反讽（ironies）。在本书的研究结果中我还指出象征过程的另一个方面：像稻米一样的物体也是构成的（constituent）。

然而吊诡地，日本的集体自我包含了变与不变两个方面。当意义和物质性发生改变时，稻米却是相同的。换言之，稻米同时是单义和多义的；它代表了日本人的自我，而这个自我经历了各种历史变迁，因此，本书是关于日本人的集体自我和稻米的，主要通过日本人“作为自我的稻米”来检验。通过代表各种客观对象的稻米的象征化动态过程——许多稻米代表了许多自我。这个象征化过程比一个简单具有多义的指号的符号学概念远为复杂和能动。

不管怎样，行动者并不总是随心所欲的。在批评历史变迁的个体中心模式时，莫尔（Moore 1986: 322）警示了“分析领域和因果关系中有限概念的严重缺点”。稻米是清晰明白的，而金属货币却是含糊的，因此，依赖情景和社会行动者的运用，钱可能是纯洁的也可能是极端肮脏的。但是稻米不会为行动者提供这样的自由。在日益世俗化的今天，稻米仅仅在某种情景下才是神圣的或纯洁的。但是它决不可能被认为是肮脏的，尽管曾经被作为货币使用。不受限制地推崇个体的力量，虽然有时也受到欢迎，但无助于对人的行为的理解。

食物：自我的转喻–隐喻

食物作为自我–身份的象征力量来自于象征过程的特殊属性。一种重要的食物作为一个社会群体的隐喻包含了两个相互连接的方面。首先，社会群体的每一个成员消费这种食物，这种食物就成为他或她身体的一部分。这种重要的食物就体现在每一个个体身上。通过成为自我的一部分作为转喻来运作。其次，这种食物通过共餐的形式被社会群体的个体成员所消费。共餐使稻米成为我们的隐喻——他或她的社会群体，常常是全体人民——的隐喻。

130

一个符号和它的象征的转喻和隐喻的两面常常是一个符号认知和唤起力量之源。列维–斯特劳斯认为连接（contiguity）和类比（analogy）是人类心灵两个重要的概念原则，并提请注意转喻和隐喻之间“转换与反转换”的重要性（Lèvi-Strauss 1966: 150），费尔南德斯（Fernandez 1974: 125—126; 1982: 558—562）也如此，他长期论述隐喻对人类学解释的重要性（也见 Fernandez 1991）。甚至有些强调隐喻是所有比喻中的核心的学者也常常强调其中涉及的转喻原则。例如，德·曼（de Man 1979）坚持认为一个明显的隐喻依赖于与转喻的联系，热奈（Genette 1972）也强调隐喻和转喻的共存和相互支持和互相渗透。[2]

---

2 对雅各布逊（Jakobson 1956）、列维–斯特劳斯（Lévi-Strauss 1966: 150）和利奇（Leach 1976）而言，隐喻是由相似性决定的，而转喻是由接触、因果、手段和目的、容器和内容决定的。利奇把“原因和结果”原则分开，建立了第三域“记号”（signals）。关于比喻的理论论证的细节，见 Ohnuki-Tierney 1990c, 1991a。

社会行动者在实践中消费食物体现了转喻和隐喻或连接和类比的双轴原则。一种食物不管是代表了个体自我、社会群体，还是代表全体人民，这个象征过程不仅在概念上，而且在心理上都赋予了食物以强大的力量。因此，“我们的食物”对立于“他们的食物”成为强有力的方式，以此来表达我们对立于他们。这样做不仅为了食物作为我们的表征，而且为了把他们和我们区别开来。虽然在第一章中我给出了一些例子，但这里还要引用古代中国人的例子，他们根据两种重要的饮食方式来定义自己：吃谷物和熟肉。这些是把他们和邻近的“野蛮人”区别开来的重要标志。

> 五方之民………东方曰夷，被发文身，有不火食者矣；南方曰蛮，雕题交趾，有不火食者矣；西方曰戎，被发衣皮，有不粒食者矣；北方曰狄，衣羽毛穴居，有不粒食者矣。（转引自 Chang 1977a: 42）[3]

“野蛮人”至少缺乏两个饮食原则的特点之一。“食物语义学”（Chang 1977b）简洁有力地揭示了社会制度。

我们的美丽和纯洁双重体现在人的身体和能代表自己的食物上，相反，他者讨厌的属性被体现在他们的食物和饮食方式上。 131

天皇的身上没有如此的体现，在整个历史过程中他代表日本人的能力是不牢固的，而稻米-日本人的联系被完整地保留。但这决不

3　引自缪勒（F. Max Müller）编《东方圣书》第 27、28 卷《礼记》（*The Li Ki*, *The Sacred Books of the East*）第 27、28 卷，理雅各（Iames Legge）翻译（1885, Oxford: Clarendon Press）。

是皇室制度在历史上所发生的一切的唯一原因。

原初自我：纯洁、土地和历史

纯洁：自我、族性和民族主义

族性和民族主义研究在人类学和相关学科还是一个新兴领域。后殖民时期族性和民族主义在全世界得到强化，特别是在苏联解体之前。稻米和稻田的象征主义附和了世界其他地方族性和民族主义的象征维度。

在对帝国、国家和族群的比较研究中，亚曼（Yalman 1992: 1—2）把一种帝国制度，如奥斯曼帝国，视为“原则上接受和尊重在边界范围内多样性的存在，不同的政治制度呼应不同的法律、宗教和民族传统”。相反，族性和民族主义要求它的纯洁性和对多样性的零容忍。[4] 威廉斯（B. Williams 1989）再次强调“纯洁的发明”怎样成为所有国家的必需，包括新兴国家和已建立的国家。赫兹菲尔德（Herzfeld 1987: 82）描述了“寻找国家纯洁的世俗伊甸园”的希腊。汉德尔（Handler 1988）指出语言污染和寻找纯洁是最近魁北克民族主义最重要的关怀。所有这些来自不同社会的例子都证明了纯洁概念深深扎根在自我的概念中，不管是它的族性和民族主义部分，还是其独立的政治成分。本书长期研究的一个发现是纯洁成为日本人自我概念不可分割的一部分，但它的出现一直要等到族性和民族主义

4　亚曼（Yalman 1992: 2）认为 nation 与 ethnicity 的区别是前者与边界（territory）和国家（state）相关。

的兴起。

但是，自我的纯洁性是两面神。无人能忘记希特勒德国为“种族纯洁”而奋斗的荒唐史。日本的稻米代表了纯洁或神的积极力量，对其消费是为了更新人类。但从近世早期开始稻米的纯洁性被用为民族主义的目的。“二战”期间的战斗口号是胜利的目的是为了再能够吃到象征纯洁的“纯白米饭”。在象征实践中，纯洁能够被提高到没 132 有政治含义的美学层次；它也可以被容忍充当消极民族主义的帮凶，社会内的边缘群体和外部群体在获得个人纯洁的名义下成为替罪羊。

时空表征

最近的人类学研究显示了时间和空间对民族主义的重要性，具体说是土地（领土）和历史。有时它们以自然的方式表现出来。在对斯里兰卡和澳大利亚的民族主义进行比较研究时，卡普菲尔（Kapferer 1988）反复强调在澳大利亚的民族主义中空间-时间隐喻——体现在“自然”中——的重要性。赫兹菲尔德（Herzfeld 1991）关于克里特镇“历史拥有之争”的著作，书名就为《历史之地》（*A Place in History*），这个巧妙的书名利用了当代希腊人努力接受自己身份的空间-时间隐喻。克里特镇的建筑成为争论的焦点，因为它体现了该地人民的历史。

如特纳所言，稻米的唤起力量表现在其同时存在的双层性上，作为转喻——通过个体日本人的消费而成为身体的一部分，作为隐喻——通过日本人的共餐或其他集体行为而成为身体的一部分。这个象征机制仅仅能部分解释稻米作为符号的力量，因为同样的理由也适合其他的食物和饮料。

要成为象征符号，什么能够把稻米和其他候选物区别开来呢？是它与空间和时间的联系！具体说就是土地和历史。如果稻米仅仅是指可吃的精制米，那稻米象征主义的这个维度就被埋没了。8世纪的神话-历史挪用从亚洲大陆传入的稻作农业为己有时，日本人的“创造神话”，至少其中一个版本，是荒原转换为稻米之乡。简言之，是稻田创造了“日本的土地”。在家庭层次上，稻田象征了“祖先的土地”，贵族的权力通过跨越藩主地界的金穗想象来表达。

这种与日本人自我的双重联系——**身体**和**土地**——可能是理解稻米象征主义巨大力量和弹性的线索，**比皇室制度和农业本身更重要和强有力**。没有其他食物类别，甚至茶——在神话-历史中从未提及；没有其他食物类别，在历史中得到如此持续的关注。

日本人自我概念的空间密切介入，不是出于给被海洋环绕的日本划界。这个情况与另一种情境相反，即社会群体的族性与民族主义自然地与其他地区毗邻，因此需要用类似柏林墙来象征边界。

133 安德森（B. Anderson 1991: 7）著名的“想象的共同体”概念的特点之一是国家是“边界”内“**有限**的想象”。日本的情况有力地证明了空间边界的象征意义，哪怕在自然或政治需要的缺失下。“空间”对一个民族的自我-身份是不可或缺的，日本的情况证实这个需要是**象征**。

除了作为**我们的土地**，稻田还客观化了时间。日本人的自然告诉了他们的四季，以春天插秧开始，通过夏天的生长，秋天的收获，以冬天被白雪覆盖的空旷稻田和稻草堆而告终。但是，自然以另一种重要的方式客观化时间——过去是纯洁的、简朴的，充满了未受外来影响污染的原始美。这体现了**我们的历史**。无疑，后来的时期在努力构建**我们的**历史时，8世纪的神话-历史被反复召唤。

无地即违法

在日本内部他者的形成过程中，稻米与土地的联系获得了一个附属政治经济的重要意义。近世末期游民（*hiteijūmin*）逐渐被边缘化，这个过程与农业宇宙观向农业意识形态的转换同步。以此观之，指代这些人的标签有了附加的意义。居民与游民的主要区别是居民承担了赋税。对游民的名称都涉及边缘化的空间——河岸民、散乱的地方等等，什么人纳税什么人不纳税的经济原则是通过空间的隐喻来表述。[5]

甚至在农业部门，社会分层也与土地概念紧密相关。稻农不一定是稻米的消费者。在层级的顶端是地主，他能够控制生产方式、生产关系，甚至消费。关键是拥有土地。

因此，用“作为自我的稻米”和“作为日本人土地的稻田”来表达的日本人的集体自我，代表了一个历史过程，依此政治上没有被锚定在固定空间的社会群体成为少数人群——内部他者——他们被从历史和“农业”日本的表征中排除。在农业部门，是否拥有土地是分层的指标。这是农业意识形态发展的另一个面相，农业意识形态在象征和政治上以居民（武士和农民）为中心。农业宇宙观转向意识形态的自然化过程伴随着对游民及其生活方式的歧视。“无地”成为违法。

134

5　在日本社会成为少数人群的另一个社会群体是狩猎-采集民族阿伊努人，其“边界”没有固定在农业意义上的空间内。千岛群岛、萨哈林岛和北海道的阿伊努人文化内部的多样性也相当显著。北海道的阿伊努人在狩猎-采集经济条件下过着定居生活。在 1799 年颁布《土著法》后，他们也被迫定居在“保留地”，耕种土地并以稻米作为食物（Takakura 1960: 55—56）。他们边缘化的历史与“农业日本”的发展没有多少直接联系。

扼要重述一下，既不是作为食物的稻米也不是作为土地的稻田本身产生了负面意义。准确地说是因为这些多义的符号是强有力的，它们能够为了政治目的——包括作为歧视和沙文主义的工具——而被操纵，如同哈达克（Hardacre 1989）在她关于国家神道的著作中的记述。

与霍布斯鲍姆（Hobsbawm 1992: 7）认为“社会迷失”（disorientation）是当代世界民族主义和族性强化的关键因素不同，日本的情况则说明了“社会迷失”是农业意识形态发展的结果，并成为后来日本民族主义的意识形态基础。

历史合然中的“文化殖民主义”

本书的研究主要集中在历史的交汇点。下面引自莫尔（Moore 1986: 4—5）的一段话提供了一个有关历史合然的难忘的视觉隐喻：

> 在乞力马扎罗山脚，当见到一个披着毛毯，或者裸体的拿着矛的马赛人（Maasai）走在坦桑尼亚丛林的回家路上时，就会注意到他有一个柯达胶卷做成的耳环。这个耳环显示他不完全是一个祖先文化的继承人。他的胶卷耳环连杆是纽约罗彻斯特生产的塑料挤压而成的，他的红毛毯来自欧洲，他的刀是由谢菲尔德钢制造的。他脖子上皮带悬挂的是一个小的装坦桑尼亚纸钱的羽毛容器，这些钱来自他在政府管理的市场卖牛所得。他的牛的价格随着世界通货膨胀而起伏。汽车和游客行走在附近的公路上。国际经济影响到了世界每一个地方。

虽然莫尔的这段话是为了表达她关于历史再生产和变迁的观点，但也清楚地说明了每一种文化，过去或现在，已经发生或正在发生变迁，作为内外辨证发展的结果。

如果马赛人在非洲把历史合然具体化了，那么当代位于雷斯姆诺（Rethemnos）的克里特镇的建筑也同样如此。赫兹菲尔德（Herzfeld 1991: 112）对 26 号图片作了说明，“具有鲜明特色的合然：电灯杆、威尼斯石材和破碎的土耳其窗户框”。这些物质文化使多样 135 历史具体化了，“在变化的现在对过去的选择是通过协商来解决的”（Herzfeld 1991: 257）。

在所有这些合然中，自我和他者的话语深深体现在一个复杂的权力不平等的历史互动中。自我和他者很难是平等的伙伴。很容易看出西方对非洲和其他前殖民地的支配。但更严重的后果是西方文明对前殖民地和世界其他地方的支配。日本人对优越的他者——中国人和西方人——的态度是两面的。今天，在征服西方技术领域后，一些日本人仍然渴望证明自己与众不同，在狂热消费法国新出的博若莱红葡萄酒（Beaujolais）（详见 Ohnuki-Tierney 1990a: 202—203）的同时，保卫我们（日本人）的稻米。

在中东，亚曼（Yalman 1989: 15）解释了霍梅尼对伊朗人令人惊异的呼吁，其表达为“对抗西方对中东渗透的强烈的本能反应”并引用阿希斯·南迪（Ashis Nandy）一句有力的短语“被殖民的心灵”来理解拉什迪（S. Rushdie）的主张——文化上 / 政治上被殖民的民族与西方关系的复杂性和含混性（Yalman 1989: 16）。西方主义（Occidentalism）并不是东方主义（Orientalism）的简单颠倒。

但是，不平等的象征权力并不限于西方与他者的对立。它甚至表现在西方文明内部。赫兹菲尔德调侃地把希腊人称作欧洲土著，识别出当代希腊人关于他们自己与其他人的矛盾感。失落的希腊文化的想象描绘了神圣的和被污染的现代希腊形象，乡村希腊人讽刺识字的人，同时也勉强承认“文字赋予的力量”（Herzfeld 1987: 49）。

比承认两个民族在历史相遇时的不平等象征权力更重要的是对所谓次等文化的进一步影响。自我和“优越的”**外部他者**的权力不平等部分导致了替罪羊的出现——在内部，边缘化的自我变为少数人群，在外部变为边缘化的他者。我所谓的“文化殖民主义”，当与民族主义结盟时就会对他者和自己造成浩劫。这是许多国际争端不幸的潜因，甚至是使用替罪羊制造边缘化自我和他者现象的更不幸的潜因。

136

陌生神的主题——带着积极和消极力量的来自外面的神——为日本人解释历史上与优越的他者——中国人，随后的西方人——提供了一个强有力的模式。陌生神的宇宙观模式体现了不平等的象征权力：神优于人，人必须利用神的积极力量。在历史实践中，陌生神在政治或文化上能够转换为强大的他者。不用奇怪，陌生神主题在世界许多地方都能发现（见第五章注释 8）；这个模式为象征和政治的不平等提供了一个解释模式。

如果陌生神被拒绝，它的活力和力量不再为自我更新所利用，自我更新必须依赖自己的纯洁性。为了保护最后的根据地——这是自我–身份受到威胁时的一个隐喻，这种短语用作反对进口加州稻米的一句口号，**纯洁**的“绿色”国产米，**净化**日本空气和代表没受外来影响污染的纯洁的稻田，以及体现个体和集体自我的纯白米，为了自我的**更新**必须被召唤。或者，自我净化是通过祛除自己的污染并把它转嫁给内外他者来实现。

在论述与那时文化上优越的中国人的关系时，日本人的身份被创造，随后在与不同的他者相遇时经历了历史的转换。在所有这些自我与他者的相遇中，稻米和稻田的多义性成为审视自我-身份转为集体自我时的载体，以及作为恒变的自我纯洁性的内部资源。

参考文献

Ahern, Emily Martin

1981 *Chinese Ritual and Politics*. New York: Cambridge University Press.

Akamatsu Shunsuke

1989 Keni no kōzō: Tennōron no ima (The structure of authority—The current status of the debate on the emperor system). *Asahi Shinbun* no. 1 (February 6); no. 2 (February 7); no. 3 (February 8).

Akasaka Norio

1988 *Ō to tennō* (King and emperor: Comparative work on kingship). Tokyo: Chikuma Shobō.

Amino Yoshihiko

1980 *Nihon chūsei no minshūzō: Heimin to shokunin* (Portrait of the folk in medieval Japan: The common people and the "professionals"). Tokyo: Iwanami Shoten.

1983 [1978] *Muen kugai raku: Nihon chūsei no jiyū to heiwa* (*Muen*, *kugai*, and *raku*: Freedom and peace in medieval Japan). Tokyo: Heibonsha.

1984 Chūsei no tabibitotachi (Travelers during the Medieval period). In *Hyōhaku to teijū* (Wandering and settlement), Y. Amino et al., eds., 153–266. Tokyo: Shōgakkan.

1987 Lecture at History Workshop. Department of History, University of Chicago, October 5, 1987.

1989 [1986] *Ikei no ōken* (Atypical kingship). Tokyo: Heibonsha.

Amino Yoshihiko, Ueno Chizuko, and Miyata Noboru.

1988 *Nihon ōkenron* (Japanese kingship). Tokyo: Shunjūsha.

Anderson, Benedict
1991 *Imagined Communities*. London and New York: Verso.
Anderson, E. N.
1988 *The Food of China*. New Haven, Conn.: Yale University Press.
Aoki Kōji
1967 *Hyakushō ikki no nenjiteki kenkyū* (Chronological research on peasant uprisings). Tokyo: Shinseisha.
Aristotle
1958 *The Politics of Aristotle*. E. Barker, ed. and trans. Oxford: Oxford University Press.
Ashbrook, Tom
1988 Japan's Farmers Strike Back. *Boston Globe*, January 13, 1988.
Aston, W. G., trans.
1956 [1896] *Nihongi: Chronicles of Japan from the Earliest Times to A.D. 697*. London: George Allen and Unwin.
Augé, Marc
1982 [1979] *The Anthropological Circle: Symbol, Function, History*. Cambridge: Cambridge University Press.
Bailey, Anne M.
1985 The Making of History: Dialectics of Temporality and Structure in Modern French Social Theory. *Critique of Anthropology* 5(1): 7–31.
Bakhtin, Mikhail
1981 *The Dialogic Imagination*. Austin: University of Texas Press.
Barker, Randolph, and Robert W. Herdt, with Beth Rose
1985 *The Rice Economy of Asia*. Washington, D.C.: Resources for the Future.
Barthes, Roland
1982 [1970] *Empire of Signs*. Richard Howard, trans. New York: Hill and Wang.
Bayly, C. A.
1986 The origins of swadeshi (home industry): Cloth and Indian Society, 1700–1930. In *The Social Life of Things: Commodities in Cultural Perspective*, A. Appadurai, ed., 285–321. Cambridge: Cambridge Unversity Press.
Bellah, Robert
1967 The Japanese Emperor as a Mother Figure: Some Preliminary Notes. Paper presented at the Colloquium of the Center for Japanese and Korean Studies, University of California at Berkeley, October 11, 1967.
1970 [1957] *Tokugawa Religion: The Values of Pre-Industrial Japan*. Boston: Beacon Press.
Belloli, Andrea P. A.
1984 *A Day in the Country: Impressionism and the French Landscape*. Los

Angeles, Calif.: Los Angeles County Museum of Art.
Belmont, Nicole
1982 Superstition and Popular Religion in Western Societies. In *Between Belief and Transgression*, Michael Izard and Pierre Smith, eds., 9–23. Chicago: University of Chicago Press.
Berger, Peter L., and Thomas Luckmann
1967 *The Social Construction of Reality*. New York: Doubleday.
Berque, Augustin
1990 *Nihon no fūkei, seiō no keikan, soshite zōkei no jidai* (Comparative history of the Landscape in East Asia and Europe). Tokyo: Kōdansha.
Bloch, Marc
1961 [1949] *Feudal Society*, L. A. Manyon, trans. Chicago: University of Chicago Press.
Bock, Felicia G.
1990 The Great Feast of the Enthronement. *Monumenta Nipponica* 45(1): 27–38.
Bourdieu, Pierre
1977 [1972] *Outline of a Theory of Practice*. Cambridge: Cambridge University Press.
1984 [1979] *Distinction: A Social Critique of the Judgement of Taste*. Cambridge, Mass.: Harvard University Press.
1990 *In Other Words: Essays toward a Reflexive Sociology*. Stanford, Calif.: Stanford University Press.
Braudel, Fernand
1972 [1949] *The Mediterranean and the Mediterranean World in the Age of Philip II*. Vol. 1 of 2 vols. New York: Harper and Row.
1973 [1967] *Capitalism and Material Life, 1400–1800*. London: Weidenfeld and Nicolson.
1980 [1958] *On History*. Chicago: University of Chicago Press.
Bray, Francesca
1986 *The Rice Economies: Technology and Development in Asian Societies*. Oxford: Basil Blackwell.
Brettell, Richard R., and Caroline B. Brettell
1983 *Painters and Peasants in the Nineteenth Century*. New York: Rizzoli International Publications.
Calder, Kent E.
1988 *Crisis and Compensation: Public Policy and Political Stability in Japan, 1949–1986*. Princeton, N.J.: Princeton University Press.
1989 Japanese Agricultural Policy: The Wax and Wane of Rural Bias. Paper presented at a session on “Agrarian Japan” during the Forty-first Annual Meetings of the Association for Asian Studies.
Carrithers, Michael, Steven Collins, and Steven Lukes, eds.

1985 *The Category of the Person*. Cambridge: Cambridge University Press.
Chang, K. C.
1977a Ancient China. In *Food in Chinese Culture: Anthropological and Historical Perspectives*, K. C. Chang, ed., 24–52. New Haven, Conn.: Yale University Press.
1977b Introduction. In *Food in Chinese Culture: Anthropological and Historical Perspectives*, K. C. Chang, ed., 3–21. New Haven, Conn.: Yale University Press.
Chang, K. C., ed.
1977 *Food in Chinese Culture: Anthropological and Historical Perspectives*. New Haven, Conn.: Yale University Press.
Chartier, Roger
1982 Intellectual History or Sociocultural History? The French Trajectories. In *Modern European Intellectual History: Reappraisals and New Perspectives*, D. La Capra and S. Kaplan, eds. Ithaca, N.Y.: Cornell University Press.
Clifford, James, and George E. Marcus
1986 *Writing Culture: The Poetics and Politics of Ethnography*. Berkeley: University of California Press.
Cohn, Bernard S.
1980 History and Anthropology: The State of Play. *Comparative Studies in Society and History* 12:198–221.
1981 Anthropology and History in the 1980s. *Journal of Interdisciplinary History* 12(2): 227–252.
Darlin, Damon
1988 Dissension on Rice Issue Spurs Japanese to Send "Shadow" Group to Trade Talks. *Wall Street Journal*, December 1, 1988.
Darnton, Robert
1985 *The Great Cat Massacre: And Other Episodes in French Cultural History*. New York: Vintage Books.
de Heusch, Luc
1985 *Sacrifice in Africa: A Structuralist Approach*. Bloomington: Indiana University Press.
de Man, Paul
1979 *Allegories of Reading*. New Haven, Conn.: Yale Univeristy Press.
Donnelly, Michael
1978 Political Management of Japan's Rice Economy. 2 vols. Ph.D. diss., Columbia University.
Dore, Ronald P.
1973 [1958] *City Life in Japan*. Berkeley: University of California Press.
1978 *Shinohata: A Portrait of a Japanese Village*. New York: Pantheon.

Douglas, Mary
1966 The Abominations of Leviticus. In *Purity and Danger*, 41–57. London: Routledge and Kegan Paul.
Dumont, Louis
1970 [1966] *Homo Hierarchicus*. M. Sainsbury, trans. Chicago: University of Chicago Press.
1986 *Essays on Individualism: Modern Ideology in Anthropological Perspective*. [Edition in French, 1983]. Chicago: University of Chicago Press.
Ebersole, Gary L.
1989 *Ritual Poetry and the Politics of Death in Early Japan*. Princeton, N.J.: Princeton University Press.
The Economist
1987 Unique, They Call It. *The Economist* (December, 1987): 32–33.
Eisenstadt, S. N.
1978 *Revolution and the Transformation of Societies: A Comparative Study of Civilizations*. New York: Free Press.
n.d. The Japanese Historical Experience in Comparative Perspective. Typescript.
Ellwood, Robert S.
1973 *The Feast of Kingship: Accession Ceremonies in Ancient Japan*. Tokyo: Sophia University Press.
Feeley-Harnik, Gillian
1985 Issues in Divine Kingship. *Annual Review of Anthropology* 14:273–313.
Fernandez, James W.
1974 The Mission of Metaphor in Expressive Culture. *Current Anthropology* 15(2): 119–145.
1982 *Bwiti: An Ethnography of the Religious Imagination in Africa*. Princeton, N.J.: Princeton University Press.
1990 Enclosures: Boundary Maintenance and Its Representations over Time in Asturian Mountain Villages (Spain). In *Culture through Time*, E. Ohnuki-Tierney, ed., 94–127. Stanford, Calif.: Stanford University Press.
Fernandez, James W., ed.
1991 *Beyond Metaphor: The Theory of Tropes in Anthropology*. Stanford, Calif.: Stanford University Press.
Frankenberg, Ronald
1957 *Village on the Border: A Social Study of Religion, Politics and Football in a North Wales Community*. London: Cohen and West.
Frazer, James G.
1911–15 *The Golden Bough: A Study in Magic and Religion*. 12 vols. London: Macmillan.

Friedle, Ernestine
1975 *Women and Men: An Anthropologist's View.* New York: Holt, Rinehart and Winston.
Frye, Northrop
1971 [1957] *Anatomy of Criticism.* Princeton, N.J.: Princeton University Press.
Furet, Francois
1972 Quantitative History. In *Historical Studies Today*, F. Gilbert and S. R. Graubard, eds. 45–61. New York: Norton.
Geertz, Clifford
1960 *The Religion of Java.* New York: Free Press.
1980 *Negara: The Theatre State in Nineteenth-Century Bali.* Princeton, N.J.: Princeton University Press.
Genette, Gerard
1972 Metonymie chez Proust. In *Figures III*, 42–43. Paris: Editions du Seuil.
Gluck, Carol
1985 *Japan's Modern Myth: Ideology in the Late Meiji Period.* Princeton, N.J.: Princeton University Press.
Godelier, Maurice
1977 [1973] *Perspectives in Marxist Anthropology.* Cambridge: Cambridge University Press.
In press. Mirror, Mirror on the Wall . . . : The Once and Future Role of Anthropology: A Tentative Assessment. In *Assessing Cultural Anthropology*, Robert Borofsky, ed. New York: McGraw-Hill.
Goody, Jack
1982 *Cooking, Cuisine and Class: A Study in Comparative Sociology.* Cambridge: Cambridge University Press.
Gotō Shigeki
1975 *Tōkaidō goju-san tsugi* (Fifty-three stations along the Tōkaidō). Tokyo: Shūeisha.
1976 *Kiso kaidō rokujū-kyū tsugi* (Sixty-nine stations along the Kiso road). Tokyo: Shūeisha.
Gregory, Chris A.
1982 *Gifts and Commodities.* London: Academic Press.
Gudeman, Stephen, and Alberto Rivera
1990 *Conversations in Colombia: The Domestic Economy in Life and Text.* Cambridge: Cambridge University Press.
Hamaguchi Eshun
1982 *Kanjinshugi no shakai Nihon* (Japan: A society of contextualism [*sic*]). Tokyo: Keizai Shimpōsha.
Handler, Richard
1988 *Nationalism and the Politics of Culture in Quebec.* Madison: University

of Wisconsin Press.
Hane Mikiso
1982 *Peasants, Rebels, and Outcastes: The Underside of Modern Japan*. New York: Pantheon Books.
Hanihara Kazurō
1991 Dual Structure Model for the Population History of the Japanese. *Nichibunken Japan Review* 2:1–33.
Hardacre, Helen
1989 *Shintō and the State*, 1868–1988. Princeton, N.J.: Princeton University Press.
Harootunian, Harry
1988 *Things Seen and Unseen: Discourse and Ideology in Tokugawa Nativism*. Chicago: University of Chicago Press.
Hasegawa Hiroshi
1987 *Kome kokka kokusho* (The black paper on the rice nation). Tokyo: Asahi Shinbunsha.
Hayashiya Tatsusaburō
1980 [1973] *Nihon geinō no sekai* (The world of performing arts in Japan). Tokyo: Nihon Hōsō Shuppan Kyōkai.
Herrenschmidt, Olivier
1982 Sacrifice: Symbolic or Effective? In *Between Belief and Transgression*, Michael Izard and Pierre Smith, eds., 24–42. Chicago: University of Chicago Press.
Herzfeld, Michael
1987 *Anthropology through the Looking-Glass*. Cambridge: Cambridge University Press.
1991 *A Place in History: Social and Monumental Time in a Cretan Town*. Princeton, N.J.: Princeton University Press.
Hida Yoshinobu
1988 Sokuirei to ōnamesai no kiso chishiki (Basic knowledge of the accession ritual and the *ōnamesai*). In *Zusetsu tennō no sokuirei to ōnamesai*, H. Yamamoto, M. Satō and Staff, eds., 212–223. Tokyo: Shinjinbutsu Ōraisha.
Higo Kazuo
1942 [1938] *Nihon shinwa kenkyū* (Research on Japanese myths). Tokyo: Kawade Shobō.
Higuchi Kiyoyuki
1985 *Umeboshi to nihontō* (Pickled plum and Japanese sword). Tokyo: Shōdensha.
Hobsbawm, Eric J.
1992 Ethnicity and Nationalism in Europe today. *Anthropology Today* 8(1): 3–8.

Hobsbawm, Eric J. and Terence Ranger, eds.
1986 [1983] *The Invention of Tradition*. Cambridge: Cambridge University Press.
Hocart, A. M.
1952 *The Life-Giving Myth*. Lord Raglan, ed. London: Methuen.
1969 [1927] *Kingship*. Oxford: Oxford University Press.
1970 [1936] *Kings and Councilors: An Essay in the Comparative Anatomy of Human Society*. Chicago: University of Chicago Press.
Holtom, D. C.
1972 [1928] *The Japanese Enthronement Ceremonies*. Tokyo: Monumenta Nipponica.
Hora Tomio
1979 *Tennō fushinsei no kigen* (Origin of the apolitical nature of the emperor system). Tokyo: Azekura Shobō.
1984 *Tennō fushinsei no dentō* (Tradition of the apolitical nature of the emperor system). Tokyo: Shinjusha.
Hubert, Henri, and Marcel Mauss
1964 [1898] *Sacrifice: Its Nature and Function*, E. E. Evans-Prichard, trans. Chicago: University of Chicago Press. 1898 ed. in French.
Hunt, Lynn
1986 French History in the Last Twenty Years: The Rise and Fall of the *Annales* Paradigm. *Journal of Contemporary History* 21:209–224.
Ingold, Tim
1986 *Evolution and Social Life*. Cambridge: Cambridge University Press.
1990 An Anthropologist Looks at Biology. *Man* 25(2): 208–229.
Inoue Hisashi
1988 Kome no Hanashi (5)—Amerika no kome (Discussion on rice (5)—American rice). *Days Japan* 1(6): 103.
Inoue Kiyoshi
1967 [1963] *Nihon no rekishi* (History of Japan). Vol. 1 (jō). Tokyo: Iwanami Shoten.
Inoue Mitsusada
1984 *Nihon kodai ōken to saishi* (The kingship and ritual in Ancient Japan). Tokyo: Tōkyō Daigaku Shuppankai.
Ishibashi Fushiha
1914 Minzokugaku no hōmen Yori mitaru kagami (Anthropological interpretations of mirrors). *Jinruigaku Zasshi* 29(6): 223–227.
Ishige Naomichi
1983 Inasaku shakai no shokuji bunka (Dietary culture of rice cultivating societies). In *Nihon nōkō bunka no genryū*. K. Sasaki, ed., 391–414. Tokyo: Nihon Hōsō Shuppan Kyōkai.
1985 Minshū no shokuji (Meals of the folk). In *Ie to josei* (The household and

women). Tsuboi Yōbun et al., 113–180. Tokyo: Shōggakan.

1986 Beishoku minzoku hikaku kara mita Nihonjin no shokuseikatsu (The foodway of the Japanese from the perspective of a comparative study of rice-eating peoples). In *Seikatsugaku no hōhō* (Methodological studies of the daily lives), Chūbachi Masayoshi, ed., 10–26. Tokyo: Domesu Shuppan.

Ishimori Shūzō

1984 Shi to zōtō: Mimai junōchō ni yoru shakai kankei no bunseki (Death and gifts: Analysis of human relations through the records of gifts). In *Nihonjin no zōtō* (Gift exchange of the Japanese), Itoh Mikiharu and Kurita Yasuyuki, eds., 269–304. Kyoto: Mineruva Shobō.

Itoh Mikiharu

1979 Ta no Kami (Deity of the rice paddy). In *Kōza Nihon no kodai shinkō* (Belief system in Ancient Japan), T. Matsumae, ed., 162–181. Tokyo: Gakuseisha.

1984 *En to Nihon bunka* (The feast and Japanese culture). Tokyo: Chūōkōronsha.

1988 Inasaku girei ni mirareru kami kannen (The concept of deity as expressed in rituals concerning rice production). *Nihon Bunka Kenkyū Hōkoku* (March): 73–79.

Jakobson, Roman

1956 On Aphasia. In *Fundamentals of Language*, R. Jakobson and M. Halle, 76–82. The Hague: Mouton.

JETRO (Japan External Trade Organization)

1989 White Paper on International Trade: Japan 1989. Tokyo: Japan External Trade Organization.

Kaberry, Phyllis M.

1939 *Aboriginal Woman, Sacred and Profane*. London: Routledge and Kegan Paul.

Kano Yoshikazu

1987 Rice Wars? *Journal of Japanese Trade and Industry* 6(2): 40–42.

Kantorowicz, Ernst H.

1957 [1981] *The King's Two Bodies: A Study of Medieval Political Theology*. Princeton, N.J.: Princeton University Press.

Kapferer, Bruce

1988 *Legends of People, Myths of State: Violence, Intolerance, and Political Culture in Sri Lanka and Australia*. Washington: Smithsonian Institution Press.

Katsumata Shizuo

1985 [1982] *Ikki* (Protests). Tokyo: Iwanami Shoten.

Kawasoe Taketane

1980 [1978] *Kojiki no sekai* (The world of *Kojiki*). Tokyo: Kyōikusha.

Kelly, William W.
1989 The Price of Prosperity and the Benefits of Dependency: Rice Reserves and Reserve Regions in Contemporary Japan. Paper presented at the session on "Agrarian Japan" during the Forty-first Annual Meetings of the Association for Asian Studies.
1991 The Taut and the Empathic: Antinomies of Japanese Personhood. Paper read at the Institute for Culture and Communication, the East-West Center for a conference on *Self and the Social Order: China, India, and Japan*. August 5–9, 1991.
Kitagawa, Joseph M.
1990 Some Reflections on Japanese Religion and Its Relationship to the Imperial System. *Japanese Journal of Religious Studies* 17(2–3): 129–178.
Kitō Hiroshi
1983a Edo jidai no beishoku (Rice diet during the Edo period). *Rekishi Kōron* 89:43–49.
1983b *Nihon Nisennen no Jinkōshi* (Japanese demographic history for two thousand years). Tokyo: PHP Kenkyūjo.
Kobayashi Issa
1929 *Issa haiku zenshū* (Collected *haiku* poems of Issa). Tokyo: Shunjūsha.
Koharu Kyūichirō
n.d. *Kachi kachi yama, tsuru no ongaeshi* ("Mountain on fire" and "The crane returning her gratitude"). Tokyo: Hikari no Kuni Shōwa Shuppan.
Kokuritsu Rekishi Minzoku Hakubutsukan, ed.
1987 [1985] *Nihon no rekishi to bunka* (Japanese history and culture). Tokyo: Daiichi Hōki Shuppan.
Komatsu Kazuhiko
1983 *Kamigami no seishinshi* (Spiritual history of deities). Tokyo: Dentō to Gendaisha.
Komatsu Kazuhiko, and Kurimoto Shinichirō
1982 *Keizai no tanjō* (Birth of the economy). Tokyo: Kōsakusha.
Kondo, Dorinne
1990 *Crafting Selves: Power, Gender, and Discourses of Identity in a Japanese Workplace*. Chicago: University of Chicago Press.
Kōshitsu Bunka Kenkyūkai, ed.
1988 Ōnamesai: Yuki sukiden no shogi (*Ōnamesai*: Various rituals for the *yuki* and *suki* fields). In *Zusetsu tennō no sokuirei to Ōnamesai*, H. Yamamoto, M. Satō and Staff, eds., 88–95. Tokyo: Shinjinbutsu Ōraisha.
Koyama Shūzō
1983 *Hida Gofudoki* ni miru Edo jidai no shoku seikatsu (Diet during the Edo period as recorded in *Hida Gofudoki*). *Rekishi Kōron* 89:35–42.
Koyama Shūzō, Sugiyama Toshio, Akimichi Tomoya, Fujino Yoshiko, and

Sugita Shigeharu
1981 "*Hida Gofudoki*" ni yoru shokuryō shigen no keiryōteki kenkyū (Quantitative research on food resources as recorded in *Hida Gofudoki*). *Kokuritsu Minzokugaku Hakubutsukan Kenkyū Hōkoku* 96(3): 363–596.
Koyanagi Teruichi
1972 *Tabemono to Nihon bunka* (Food and Japanese culture). Tokyo: Hyōgensha.
Kurabayashi Shōji
1988 Ōnamesai no henkaku (Changes in the *ōnamesai*). In *Zusetsu tennō no sokuirei to ōnamesai*. H. Yamamoto, M. Satō and Staff, eds., 36–37. Tokyo: Shinjinbutsu Ōraisha.
Kurano Kenji, and Takeda Yūkichi, eds.
1958 *Kojiki Norito* (*Kojiki* and *Norito*). Tokyo: Iwanami Shoten.
Kuroda Toshio
1972 Chūsei no mibunsei to hisen kannen (Social Stratification during the Early Medieval period and the concept of baseness). *Buraku Mondai Kenkyū* 33:23–57.
Kurushima Hiroshi
1986 Kinsei no seneki to hyakushō (Military duty and peasants during the Early Modern period). In *Nihon no shakaishi* (Social history of Japan). 8 vols. N. Asao, Y. Amino, K. Yamaguchi, and T. Yoshida, eds., 4:273–317. Tokyo: Iwanami Shoten.
Lakoff, George, and Mark Johnson
1980 *Metaphors We Live By.* Chicago: University of Chicago Press.
Leach, Edmund
1965 [1954] *Political Systems of Highland Burma.* Boston: Beacon Press.
1968 [1964] Anthropological aspects of language: Animal categories and verbal abuse. In *New Directions in the Study of Language*, E. Lenneberg, ed., 23–63. Cambridge, Mass.: Massachusetts Institute of Technology Press.
1976 *Culture and Communication.* Cambridge: Cambridge University Press.
1982 *Social Anthropology.* Glasgow: Fontana Paperbacks.
Lee, Richard
1968 What Hunters Do for a Living, or, How To Make Out on Scarce Resources. In *Man the Hunter*, Richard B. Lee and Irven DeVore, eds., 30–48. Chicago: Aldine/Atherton
Le Goff, Jacques
1972 Is Politics Still the Backbone of History? In *Historical Studies Today.* F. Gilbard and S. R. Graubard, eds., 337–355. New York: Norton.
Lévi-Strauss, Claude
1963 [1962] *Totemism.* Trans. by R. Needham. Boston: Beacon Press.
1966 [1962] *The Savage Mind.* George Weidenfeld and Nicolson Ltd. trans. Chicago: University of Chicago Press.

1967 [1958] *Structural Anthropology.* New York: Doubleday.
1969a [1949] *The Elementary Structure of Kinship*. London: Eyre and Spottiswoode.
1969b [1964] *The Raw and the Cooked*. Vol. 1 in *Introduction to a Science of Mythology*. John and Doreen Weightman trans. New York: Harper Torchbooks.
1983 [1976] *Structural Anthropology*. Vol. 2 of 2 vols. Chicago: University of Chicago Press.

Lowenthal, David
1985 *The Past Is a Foreign Country.* New York: Cambridge University Press.

Macé, François
1985 Genmei Tajō tennō no sōgi ga imisuru maisō gireishijō no danzetsuten (A break in the history of the funeral rituals as indicated by the funeral for the Empress Genmei). *Shūkyō Kenkyū* 266:55–77.

Marshall, Lorna
1976 Sharing, Talking and Giving: Relief of Social Tensions among the !Kung. In *Kalahari Hunter-Gatherers: Studies of the !Kung San and Their Neighbors*, Richard B. Lee and Irven DeVore, eds., 349–371. Cambridge: Harvard University Press.

Martin, Samuel
1964 Speech Levels in Japan and Korea. In *Language in Culture and Society*, Dell Hymes, ed., 407–415. New York: Harper and Row.

Matsudaira Narimitsu
1977 *Matsuri—Honshitsu to shosō: Kodaijin no uchū* (Festivals—Their essence and multiple dimensions: The universe of the Ancient Japanese). Tokyo: Asahi Shinbunsha.

Matsumae Takeshi
1977 *Nihon no kamigami* (Japanese deities). Tokyo: Chūōkōronsha.
1988 *Inari myōjin* (Inari deity). Tokyo: Chikuma Shobō.

Matsuyama Toshio
1990 Sanson no seisan katsudō to sonraku seikatsu no shosō: Hida Kohachigagō o chūshin ni (Productive activities of mountain villages and village life: Primarily in Kohachigagō, in Hida District). In *Nihon sonrakushi kōza* (Lectures on the history of Japanese villages), Nihon sonrakushi kōza Henshū Iinkai, ed., 7: 65–89. Tokyo: Yūzankaku.

Mauss, Marcel
1966 [1950] *The Gift: Forms and Functions of Exchange in Archaic Societies.* London: Cohen and West.
1985 [1938] A Category of the Human Mind: The Notion of Person; The Notion of Self. In *The Category of the Person*, M. Carrithers, S. Collins, and S. Lukes, eds., 1–25. Cambridge: Cambridge University Press.

Mayer, Adrian C.

1991 Recent Succession Ceremonies of the Emperor of Japan. *Japan Review* 2:35–61.
Mennell, Stephen
1985 *All Manners of Food: Eating and Taste in England and France from the Middle Ages to the Present.* Oxford: Basil Blackwell.
Miller, Roy A.
1967 *The Japanese Language.* Chicago: University of Chicago Press.
Mintz, Sidney W.
1985 *Sweetness and Power: The Place of Sugar in Modern History.* New York: Penguin Books.
Miura Shūgyō
1988 Tairei seido no enkaku (Outline of the imperial ritual). In *Zusetsu tennō no sokuirei to ōnamesai* (Illustrated outline of the imperial accession ritual and *ōnamesai*). H. Yamamoto, M. Satō, and Staff, eds., 142–146. Tokyo: Shinjinbutsu Ōraisha.
Miyamoto Tsuneichi
1981 Nihonjin no shushoku (The staple food of the Japanese.) In *Shoku no bunka shinpojūmu '81: Higashi Ajiya no shoku no bunka* (Symposium on the culture of food: Dietary culture of East Asia). Tokyo: Heibonsha.
Miyata Noboru
1975 [1970] *Miroku shinkō no kenkyū* (Research on the belief in Maitreya). Rev. ed. Tokyo: Miraisha.
1987 *Shūmatsukan no minzokugaku* (Folklore of the end of the world). Tokyo: Kōbundō.
1988 *Rēkon no Minzokugaku* (Folklore of the soul). Tokyo: Nihon Editā Sukūru Shuppan.
1989 Nihon ōken no minzokuteki kiso (Ethnographic basis of the Japanese kingship. *Shikyō* 18:25–30.
Miyata Noboru (*cont.*)
1990 *Minzokugaku* (Folklore study). Tokyo: Hōsō Daigaku Kyōiku Shinkōkai.
Moon, Okpyo
1989 *From Paddy Field to Ski Slope: The Revitalization of Tradition in Japanese Village Life.* Manchester, England: Manchester University Press.
Moore, Sally Falk
1986 *Social Facts and Fabrications: "Customary" Law on Kilimanjaro, 1880–1980.* Lewis Henry Morgan Lecture Series. Cambridge: Cambridge University Press.
Morinaga Taneo
1967 [1963] *Rūnin to hinin: Zoku Nagasaki bugyō no kiroku* (The exiled and the *hinin* outcastes: The records of the commissioner of Nagasaki Bugyō,

Cont.). Tokyo: Iwanami Shoten.
Morisue Yoshiaki
1953 *Nihonshi no kenkyū* (Research on Japanese history). Tokyo: Ōbunsha.
Morita Yoshinori
1978 *Kawara makimono* (The scrolls of the "River Banks"). Tokyo: Hōsei Daigaku Shuppankyoku.
Morse, Peter
1989 *Hokusai: One Hundred Poets*. New York: George Braziller.
Murakami Shigeyoshi
1977 *Tennō no saishi* (Imperial rituals). Tokyo: Iwanami Shoten.
1986 *Tennō to Nihon bunka* (The emperor and Japanese culture). Tokyo: Kōdansha.
Muraki Tsuyoshi
n.d. *Shitakiri suzume* (Sparrow with her tongue cut). Osaka: Kōyō Shuppan.
Myerhoff, Barbara
1980 [1978] *Number Our Days*. New York: Simon and Schuster.
Nagahara Keiji
1972 [1970] *Nihon keizaishi* (Economic history of Japan). Tokyo: Yūhikaku.
Nagaoka, Jeffrey
1987 Losing Appetite for the Rice Diet. *PHP Intersect* (December 1987): 33–36.
Nakayama Tarō
1976 Mizukagami Tenjin (Mizukagami Tenjin). *Nihon Minzokugaku* 1:181–188. Tokyo: Yamato Shobō.
Natsume Sōseki
1984 [1965] Kōfu (The miners). In *Sōseki zenshū* (Complete works of Sōseki). Vol. 3 of 34 vols. Tokyo: Iwanami Shoten. Originally published as a daily newspaper column beginning January 1, 1907.
Newby, Howard
1979 *Green and Pleasant Land?* London: Hutchinson
Nihiname Kenkyūkai, ed.
1955 *Nihiname no kenkyū* (Research on the *nihiname*). Tokyo: Yoshikawa Kōbunkan.
Ninomiya Shigeaki
1933 An Inquiry Concerning the Origin, Development, and Present Situation of the *eta* in Relation to the History of Social Classes in Japan. *Transactions of the Asiatic Society of Japan* 10:47–154.
Nōda Tayoko
1943 *Mura no josei* (Women of the village). Tokyo: Mikuni Shobō.
Noguchi Michihiko
1978 Chūsei no shomin seikatsu to hisabetsumin no dōkō (The life of the Common People and Movements of the Discriminated People during the

Medieval period). In *Buraku Mondai Gaisetsu* (Introduction to *Buraku* problems), Buraku Mondai Kenkyūjo, ed., 86–99. Osaka: Kaihō Shuppansha.

Nōrin Suisanshō Keizaikyoku Tōkei Jōhōbu (Statistics and Information Department, Ministry of Agriculture, Forestry, and Fisheries), ed.

1990 *Dai 65-ji Nōrin Suisanshō Tōkeihyō (Shōwa 63—Heisei Gannen)* (The sixty-fifth statistical yearbook of the Ministry of Agriculture, Forestry, and Fisheries, Japan, 1988–1989). Tokyo: Nōrin Tōkei Kyōkai.

Ōbayashi, Tarō

1973 *Inasaku no shinwa* (Rice cultivation myths). Tokyo: Kōbundō.

Ōbayashi, Tarō et al.

1983 *Sanmin to ama* (Mountain people and sea people). Tokyo: Shōgakkan.

Ochiai, Shigenobu

1972 *Mikaihō Buraku no kigen* (Origin of *Buraku*). Kōbe: Kōbe Gakujutsu Shuppan.

Oda Yūzō

1986 Kodai Chūsei no Suiko (Interest during the Ancient and Medieval periods). In *Nihon no shakaishi* (Social history of Japan). 8 vols. N. Asao, Y. Amino, K. Yamaguchi, and T. Yoshida, eds., 4:93–116. Tokyo: Iwanami Shoten.

Ohnuki-Tierney, Emiko

1974 *The Ainu of the Northwest Coast of Southern Sakhalin.* New York: Holt, Rinehart and Winston. Reprint, 1984. Prospect Heights, Ill.: Waveland Press.

1976 Regional Variation in Ainu Culture. *American Ethnologist* 3(2): 297–329.

1981 *Illness and Healing among the Sakhalin Ainu*—A Symbolic Interpretation. Cambridge: Cambridge University Press.

1984 *Illness and Culture in Contemporary Japan: An Anthropological View.* Cambridge: Cambridge University Press.

1987 *The Monkey as Mirror: Symbolic Transformations in Japanese History and Ritual.* Princeton, N.J.: Princeton University Press.

1990a The Ambivalent Self of the Contemporary Japanese. *Cultural Anthropology* 5:196–215.

1990b Introduction: The Historicization of Anthropology. In *Culture through Time.* E. Ohnuki-Tierney, ed., 1–25. Stanford: Stanford University Press.

Ohnuki-Tierney, Emiko (*cont.*)

1990c Monkey as Metaphor?: Transformations of A Polytropic Symbol in Japanese Culture. *Man* 25:399–416.

1991a Embedding and Transforming Polytrope: The Monkey as Self in Japanese Culture. In *Beyond Metaphor: The Theory of Tropes in Anthro-*

pology, James W. Fernandez, ed., 159–189. Stanford, Calif.: Stanford University Press.

1991b The Emperor of Japan as Deity (*Kami*): An Anthropology of the Imperial System in Historical Perspective. *Ethnology* 30 (3): 199–215.

In press The Power of Absence: Zero Signifiers and Their Transgressions. Typescript. Forthcoming in *L'Homme*.

Okada Seishi

1970 *Kodai ōken no saishi to shinwa* (The ritual and myth of the ancient emperor system). Tokyo: Hanawa Shōbō.

Ōmae Kenichi

1986 *Shin Fukokuron* (A new theory on the wealth of nations). Tokyo: Kōdansha.

Orikuchi Shinobu

1965a [1924] *Marebito* (Stranger). In *Orikuchi Shinobu zenshū* (Collected works of Orikuchi Shinobu), 1:78–82. 32 vols. Tokyo: Chūōkōronsha.

1965b [1925] *Marebito [sic.]* no otozure (Visits by *Marebito*). In *Orikuchi Shinobu zenshū* (Collected works of Orikuchi Shinobu), 2:33–35. 32 vols. Tokyo: Chūōkōronsha.

1975a [1928] Ōnamesai no hongi (The meaning of the *ōnamesai*). In *Orikuchi Shinobu zenshū* (Collected works of Orikuchi Shinobu), 3:174–240. 32 vols. Tokyo: Chūōkōronsha.

1975b [1928] Shindō ni Arawareta Minzoku Ronri (Ethnographic interpretation of Shintoism). In *Orikuchi Shinobu zenshū* (Collected works of Orikuchi Shinobu), 3:145–173. 32 vols. Tokyo: Chūōkōronsha.

1976a [1947] Ijin to bungaku (The stranger and literature). In *Orikuchi Shinobu zenshū* (Collected works of Orikuchi Shinobu), 7:303–317. 32 vols. Tokyo: Chūōkōronsha.

1976b [1933] Kakinomoto Hitomaro (Kakinomoto Hitomaro). *Orikuchi Shinobu zenshū* (Collected works of Orikuchi Shinobu), 9:461–493. Tokyo: Chūōkōronsha.

1983 [1947] Matsuri no hanashi. *Orikuchi Shinobu zenshū* (Collected works of Orikuchi Shinobu), 15:271–280. 32 vols. Tokyo: Chūōkōronsha.

Ortner, Sherry

1989 *High Religion: A Cultural and Political History of Sherpa Buddhism.* Princeton, N.J.: Princeton University Press.

Ōshima Kiyoshi

1984 *Shokuryō to nōgyō o kangaeru* (Thoughts on food and agriculture). Tokyo: Iwanami Shoten.

Ōta, Yoshinobu

n.d. The Ryūkyū as the Other: Discourse and Politics of Representation in Japanese Folklore Studies. Typescript.

Otomasu Shigetaka
1978 Yayoi nōgyō no seisanryoku to rōdōryoku (Productivity and labor power of Yayoi agriculture). *Kōkogaku Kenkyū* 25(2): 17–28.
Ōtsuka Hatsushige, and Mori Kōji, eds.
1985 *Toro iseki to yayoi bunka: Ima toinaosu wajin no shakai* (The Toro site and Yayoi culture: Reexamination of the wajin society). Tokyo: Shōgakkan.
Ouwehand, Cornelius
1958–59 Some notes on the God Susano-o. *Monumenta Nipponica* 14(3–4): 138–161 (384–407).
Parry, Jonathan
1985 Death and Digestion: The Symbolism of Food and Eating in North Indian Mortuary Rites. *Man* 20:612–630.
Parry, Jonathan, and Maurice Bloch
1989 *Money and the Morality of Exchange*. Cambridge: Cambridge University Press.
Pharr, Susan J.
1990 *Losing Face: Status Politics in Japan*. Berkeley: University of California Press.
Philippi, Donald L., trans.
1969. *Kojiki*. Princeton, N.J.: Princeton University Press; Tokyo: University of Tokyo Press.
Pollack, David
1986 *The Fracture of Meaning: Japan's Synthesis of China from the Eighth through the Eighteenth Centuries*. Princeton, N.J.: Princeton University Press.
Pouillon, Jean
1982 Remarks on the Verb "To Believe." In *Between Belief and Transgression*, Michael Izard and Pierre Smith, eds., 1–8. Chicago: University of Chicago Press.
Ray, Benjamin C.
1991 *Myth, Ritual, and Kingship in Buganda*. Oxford: Oxford University Press.
Redfield, Robert
1953 [1959] *The Primitive World and Its Transformations*. Ithaca, N.Y.: Cornell University Press.
Reich, Michael R., Yasuo Endō, and C. Peter Timmer
1986 Agriculture: The Political Economy of Structural Change. In *America versus Japan*, Thomas K. McCraw, ed., 151–192, 417–420nn. Boston: Harvard Business School Press.
Reischauer, Edwin O., and Albert M. Craig
1978 *Japan: Tradition and Transformation*. Boston: Houghton Mifflin.
Richards, Audrey I.

1961 [1939] *Land, Labour and Diet in Northern Rhodesia.* Oxford: Oxford University Press.
Ricoeur, Paul
1980 *The Contribution of French Historiography to the Theory of History.* Oxford: Clarendon Press.
Robert, Paul
1962 *Dictionnaire alphabétique et analogique de la langue Française.* Paris: Société du Nouveau Littré.
Rosaldo, Michelle Zimbalist
1974 Women, Culture and Society: A Theoretical Overview. In *Women, Culture and Society*, M. Z. Rosaldo and L. Lamphere, eds., 17–42. Stanford, Calif.: Stanford University Press.
Rosovsky, Henry
1966 Japan's Transition to Modern Economic Growth 1868–1885. In *Industrialization in Two Systems: Essays in Honor of Alexander Gerschenkron*, H. Rosovsky, ed., 91–139. New York: John Wiley and Sons.
Sahara Makoto
1990 *Komezukuri to Nihonjin* (Rice cultivation and the Japanese). Tokyo: Mainichi Shinbunsha.
Sahlins, Marshall
1981 *Historical Metaphors and Mythical Realities: Structure in the Early History of the Sandwich Islands Kingdom.* Ann Arbor: University of Michigan Press.
1985 *Islands of History.* Chicago: University of Chicago Press.
1988 Cosmologies of Capitalism: The Trans-Pacific Sector of "The World System." *Proceedings of the British Academy* 74:1–51.
Saigō Nobutsuna
1984 [1967] *Kojiki no sekai* (The world of the *Kojiki*). Tokyo: Iwanami Shoten.
Sakamoto Tarō, Ienaga Saburō, Inoue Mitsusada, and Ōno Susumu, eds.
1965 *Nihonshoki* (Ge). *Nihonshoki*, vol. 2 of 2 vols. Tokyo: Iwanami Shoten.
1967 *Nihonshoki* (Jō). *Nihonshoki*, vol. 1 of 2 vols. Tokyo: Iwanamai Shoten.
Sakurai Katsunoshin
1988 Ōnamesai to Kannamesai (*Ōnamesai* and *Kannamesai*). In *Zusetsu tennō no sokuirei to ōnamesai*, H. Yamamoto, M. Satō and Staff, eds., 32–34. Tokyo: Shinjinbutsu Ōraisha.
Sakurai Tokutarō
1981 Kesshū no genten: Minzokugaku kara tsuikyū shita shochiiki kyōdōtai kōsei no paradaimu (The source of solidarity: Folklorists' search for a paradigm for the structure of corporate groups). In *Shisō no bōken* (Explorations into thought Structure), K. Tsurumi and S. Ichii, eds., 187–234. Tokyo:

Chikuma Shobō.
Sansom, George
1943 [1931] *Japan: A Short Cultural History*. New York: Appleton-Century-Crofts.
1961 *A History of Japan 1334–1615*. Stanford, Calif.: Stanford University Press.
Santamaria, Ulysses, and Anne M. Bailey
1981 A Note on Braudel's Structure as Duration. *History and Theory* 21:78–83.
Sasaki Kōmei
1983 *Inasaku izen* (Before rice cultivation). Tokyo: Nihon Hōsō Shuppan Kyōkai.
1985 Ine to Nihonjin: Inasaku bunka to hi-inasaku bunka no aida (The Rice plant and the Japanese: Between rice culture and nonrice culture). In *Toro iseki to Yayoi bunka—Ima toinaosu wajin no shakai* (The Toro site and Yayoi culture—The question of the society of the Ancient Japanese), Ōtsuka Hatsushige and Mori Kōichi, eds., 36–62. Tokyo: Shōgakkan.
1986 *Jōmon bunka to Nihonjin* (The Jōmon culture and the Japanese). Tokyo: Shōgakkan.
Scheiner, Irwin
1973 The Mindful Peasant: Sketches for a Study of Rebellion. *Journal of Asian Studies* 32(4): 579–591.
Schutz, Alfred
1971 *Studies in Social Theory.* Vol. 2 in *Collected Papers*. The Hague: Martinus Nijhoff.
Shack, William A., and E. P. Skinner, eds.
1979 *Strangers in African Societies*. Berkeley: University of California Press.
Shibamoto, Janet.
1987 Japanese Sociolinguistics. *Annual Review of Anthropology* 16:261–278.
Shimogaito Hiroshi
1986 *Okome to bunka* (Rice and culture). Osaka: Zen-Ōsaka Shōhisha Dantai Renrakukai.
1988 *Zoku okome to bunka* (Rice and culture, Continued) Osaka: Zen-Ōsaka Shōhisha Dantai Renrakukai.
Shimonaka Yasaburō
1941a [1936] Shindō daijiten (Comprehensive dictionary of Shintoism). Vol. 2. Tokyo: Heibonsha.
1941b [1937] Shindō daijiten (Comprehensive dictionary of Shintoism). Vol. 3. Tokyo: Heibonsha.
Shirota Kichiroku
1987 *Akagome Denshō: Tsushima Tsutsumura no minzoku* (The oral tradi-

tion on red rice: Folklore found in Tsutsu Village, Tsushima). Fukuoka City: Ashi Shobō.
1989 Akagome no Higi (Secret ritual for red rice). *Nikkan Āgama*, no. 103:072–080.
Shweder, Richard A., and Joan G. Miller
1985 The Social Construction of the Person: How Is It Possible? In *The Social Construction of the Person*, K. J. Gergen and K. E. Davis, eds. 41–69. New York: Springer-Verlag.
Shweder, Richard, and Maria A. Sullivan
1990 The Semiotic Subject of Cultural Psychology. In *Handbook of Personality: Theory and Research*, L. A. Pervin, ed., 399–418. New York: Guilford.
Simmel, Georg
1950 [1907] *The Sociology of Georg Simmel.* Glencoe: Free Press.
Smith, Charles
1987 The Price of Rice. *Far Eastern Economic Review* 136(29): 22–23.
Smith, W. Robertson
1972 [1889] *The Religion of the Semites.* New York: Schocken Books.
Smith, Thomas C.
1959 *The Agrarian Origins of Modern Japan.* Stanford, Calif.: Stanford University Press.
1988 *Native Sources of Japanese Industrialization.* Berkeley: University of California Press.
Soda Osamu
1989 *Kome o kangaeru* (Thinking about rice). Tokyo: Iwanami Shoten.
Spence, Jonathan
1977 Ch'ing. In *Food in Chinese Culture: Anthropological and Historical Perspectives*, K. C. Chang, ed., 259–294. New Haven, Conn.: Yale University Press.
Stevens, John
1988 Rice-Paddy Culture. *PHP Intersect* (November 1988): 43.
Strathern, Marilyn
1988 *The Gender of the Gift.* Berkeley: University of California Press.
Sugiyama Kōichi
1988 Higashi Ajiya no nōkōshin-kan (A comparative study of agricultural deities in East Asian peasant communities). *Nihon Bunka Kenkyūjo Kenkyū Hōkoku* 24:71–100.
Suzuki Mitsuo
1974 *Marebito no kōzō* (The structure of *Marebito*). Tokyo: Sanichi Shobō.
1979 Marebito (Strangers). In *Kōza Nihon no minzoku* (Folk cultures of Japan). Vol. 7, *Shinkō* (Belief systems). T. Sakurai, ed., 211–239. Tokyo: Yūseidō Shuppan.
Takagi Shunsuke

1983 [1979] *Eeja naika* (It's All Right). Tokyo: Kyōikusha.
Takakura Shininchirō
1960 The Ainu of Northern Japan: A Study in Conquest and Acculturation, J. A. Harrison, trans. *Transactions of the American Philosophical Society* (n.s.), vol. 50, pt. 4. Philadelphia: American Philosophical Society.
Takayanagi Kinpō
1981 *Edo jidai hinin no seikatsu* (The life of the *hinin* outcastes during the Edo period). Tokyo: Yūzankaku Shuppan.
Takeuchi Satoshi
1988 Hardline stand against rice imports softens. *Japan Economic Journal*, October 15, 1988, 3.
Taki Kōji
1990 [1988] *Tennō no shōzō* (Portraits of the emperor). Tokyo: Iwanami Shoten.
Tambiah, S. J.
1969 Animals Are Good to Think and Good to Prohibit. *Ethnology* 8(4): 423–459.
1976 *World Conqueror and World Renouncer: A Study of Buddhism and Polity in Thailand against a Historical Background.* New York: Cambridge University Press.
Tanaka, Stefan
In press. *Japan's Orient: Rendering Pasts into History.* Los Angeles: University of California Press.
Tanaka Takashi
1988 "Niiname" kara "Ōname" e (From the *Niiname* to the *Ōname*). In *Zusetsu tennō no sokuirei to ōnamesai*, H. Yamamoto, M. Satō, and Staff, eds., 28–30. Tokyo: Shinjinbutsu Ōraisha.
Tanizaki Junichirō
1959 [1933] In-ei Reisan (In praise of shadows). Tokyo: Chūōkōronsha. In *Tanizaki Junichirō zenshū* (Collected works of Tanizaki Junichirō). 30 vols. 22:2–41.
Thompson, E. P.
1971 The Moral Economy of the English Crowd in the Eighteenth Century. *Past and Present* 50:76–136.
Thorson, Larry
1989 Rice to Roses: Life of Japanese Farmers Changing. *Asahi Evening News*, June 13, p. 6.
Tracey, David
1988 Slugging It Out over Gas and Rice. *PHP Intersect* (October 1988): 15–16.
Trevor-Roper, Hugh

1983 The Invention of Tradition: The Highland Tradition of Scotland. In *The Invention of Tradition*, E. Hobsbawm and T. Ranger, eds., 15–41. Cambridge: Cambridge University Press.

Tsuboi Hirofumi

1984 [1982] *Ine o eranda Nihonjin* (The Japanese who chose the rice plant). Tokyo: Miraisha.

Tsukuba Tsuneharu

1986 [1969] *Beishoku, nikushoku no bunmei* (Civilizations of rice consumption and meat consumption). Tokyo: Nihon Hōsō Shuppankai.

Tsunoda, Ryūsaku, and L. Carrington Goodrich

1968 *Japan in the Chinese Dynastic Histories*. Kyoto: Perkins Oriental Books.

Tsūshō Sangyōshō (Ministry of Trade and Industry), ed.

1989 *Tsūshō Hakusho* (White paper on international trade and industry). Tokyo: Ōkurashō Insatsukyoku.

Tuan, Yi-Fu

1986 *The Good Life*. Madison: University of Wisconsin Press.

1989 *Morality and Imagination: Paradoxes of Progress*. Madison: University of Wisconsin Press.

Turner, Christie, Jr.

1976 Dental Evidence on the Origins of the Ainu and Japanese. *Science* 193:911–913.

1991 Report on the 1990 Kyoto Symposium: Japanese as Members of the Asian and Pacific Populations. *Nichibunken Newsletter* 8:2–4.

Turner, Victor

1967 *The Forest of Symbols: Aspects of Ndembu Ritual*. Ithaca, N.Y.: Cornell University Press.

1975 [1974] *Dramas, Fields, and Metaphors: Symbolic Action in Human Society*. Ithaca, N.Y.: Cornell University Press.

Ueda Kazuo

1978 Buraku no bunpu to jinkō (Distribution of *buraku* settlements and population). In *Buraku mondai gaisetsu* (Introduction to *buraku* problems). Buraku Kaihō Kenkyūsho, ed., 3–10. Osaka: Kaihō Shuppansha.

Ueda Kenji

1988 Ōnamesai seiritsu no haikei (The background of the establishment of the *ōnamesai*). In *Zusetsu tennō no sokuirei to ōnamesai*, H. Yamamoto, M. Satō, and Staff, eds., 31–32. Tokyo: Shinjinbutsu Ōraisha.

Valeri, Valerio

1985 *Kingship and Sacrifice: Ritual and Soceity in Ancient Hawaii*. Chicago: University of Chicago.

van der Meer, N. C. van Setten

1979 *Sawah Cultivation in Ancient Java: Aspects of Development During the Indo-Javanese Period, 5th to 15th Century*. Canberra: Australian National University Press.

van Gennep, Arnold
1961 [1909] *The Rites of Passage*. Chicago: University of Chicago Press.
Vansina, Jan
1978 *The Children of Woot: A History of the Kuba Peoples*. Madison: University of Wisconsin Press.
1985 *Oral Tradition as History*. Madison: University of Wisconsin Press.
Vlastos, Stephen
1986 *Peasant Protests and Uprisings in Tokugawa Japan*. Berkeley: University of California Press.
Waida, Manabu
1975 Sacred Kingship in Early Japan: A Historical Introduction. *History of Religions* 15(1): 319–342.
Walthall, Anne
1986 *Social Protest and Popular Culture in Eighteenth-Century Japan*. Tucson: University of Arizona Press.
Walthall, Anne, ed. and trans.
1991 *Peasant Uprisings in Japan: A Critical Anthology of Peasant Histories*. Chicago: University of Chicago Press.
Watanabe Tadayo
1987 Ine to kome o meguru Ajiyateki shiya (Asian perspectives on rice). In *Ajiya inasaku bunka no tenkai* (Developments of rice culture in Asia), T. Watanabe, ed., 5–32. Tokyo: Shōgakkan.
1989 Nihonjin to inasaku bunka (The Japanese and rice culture). *Nikkan Āgama*, no. 103:081–091.
Watson, James L., and Evelyn S. Rawski, eds.
1988 *Death Ritual in Late Imperial and Modern China*. Berkeley: University of California Press.
Watsuji Tetsurō
1959 *Rinrigaku* (Ethics). Vol. 1 of 20 vols. Watsuji Tetsurō zenshū (Collected works of Watsuji Tetsurō). Tokyo: Iwanami Shoten.
Williams, Brackette F.
1989 A Class Act: Anthropology and the Race to Nation across Ethnic Terrain. *Annual Review of Anthropology* 18:401–444.
Williams, Peter
1992 Uruguai raundo kōshō seikō to shippai no kiro (The crossroad of the negotiation of the Uruguay round). *Gaikō Fōramu* 46(July): 53–58.
Williams, Raymond
1973 *The Country and the City*. New York: Oxford University Press.
Wolf, Eric
1988 Inventing Society. *American Ethnologist* 15:752–761.
Yalman, Nur

1989 The Dimensions of Cultural Pluralism. A keynote address to the symposium on *Internationalization and Cultural Conflict*, the Department of Anthropology, University of Osaka, July 1989.

1992 The Perfection of Man: The Question of Supra-Nationalism in Islam. A keynote address to the symposium on *Nationalism*, the Department of Anthropology, University of Osaka, March 1992. In *Shisō* 823 (January 1993): 34–49.

Yamaguchi, Iwao

1987 Maintaining Japan's Self-Sufficiency in Rice. *Journal of Trade and Industry* 6(2): 40–42.

Yamaguchi, Masao

1977 Kingship, Theatricality, and Marginal Reality in Japan. In *Text and Context: The Social Anthropology of Tradition*, R. K. Jain, ed., 151–179. Philadelphia: Institute for the Study of Human Issues.

Yamamoto Hikaru, Satō Minoru, and Staff, eds.

1988 *Zusetsu tennō no sokuirei to ōnamesai* (Illustrated account of the imperial accession and the *ōnamesai*). Tokyo: Shinjinbutsu Ōraisha.

Yamamura, Kōzō

1988 From Coins to Rice: Hypotheses on the *Kandaka* and *Kokudaka* Systems. *Journal of Japanese Studies* 14(2): 341–368.

Yamaori Tetsuo

1978 *Tennō no shūkyōteki keni towa nanika* (The identity of the religious authority of the emperor). Tokyo: Sanichi Shobō.

1990a Kakureta tennōrei keishō no dorama: Daijōsai no bunka hikaku (Hidden drama of the imperial succession: Comparative cultural analysis of Daijōsai). *Gekkan Asahi* (February 1990): 80–85.

1990b *Shi no minzokugaku* (Folklore of death). Tokyo: Iwanami Shoten.

Yanagita Kunio

1981a [1953] Ine no sanya (Parturient hut for rice). In *Yanagita Kunio-shū* (Collected works of Yanagita Kunio), 36 vols. 1:178–209. Tokyo: Tsukuma Shobō.

1981b [1917] Yamabitokō (Thoughts on the mountain people). In *Yanagita Kunio-shū* (Collected works of Yanagita Kunio), 36 vols. 4:172–186. Tokyo: Tsukuma Shobō.

Yanagita Kunio

1982a [1949] Fuji to Tsukuba (Mt. Fuji and Mt. Tsukuba). *Yanagita Kunio-shū* (Collected works of Yanagita Kunio), 36 vols. 31:129–139. Tokyo: Tsukuma Shobō.

1982b [1940] Kome no chikara (Power of rice). *Yanagita Kunio-shū* (Collected works of Yanagita Kunio), 36 vols. 14:240–258. Tokyo: Tsukuma Shobō.

1982c Kome no shima kō (Thoughts on the islands of rice). *Yanagita Kunio-*

shū (Collected works of Yanagita Kunio), 36 vols. 31:157–158. Tokyo: Tsukuma Shobō.

1982d Kura inadama kō (Thoughts on the soul of rice). *Yanagita Kunio-shū* (Collected works of Yanagita Kunio), 36 vols. 31:159–166. Tokyo: Tsukuma Shobō.

1982e [1931] Shokumotsu no kojin jiyū (Personal freedom on food). *Yanagita Kunio-shū* (Collected works of Yanagita Kunio), 36 vols. 24:160–186. Tokyo: Tsukuma Shobō.

Yanagita Kunio, ed.

1951 *Minzokugaku jiten* (Ethnographic dictionary). Tokyo: Tōkyōdō.

Yayama, Tarō

1987 Rebellion in a Model Farm Community. *Japan Echo* 14:62–67.

Yokoi Kiyoshi

1982 [1975] *Chūsei minshū no seikatsu bunka* (The life of the folk during the Medieval period). Tokyo: Tōkyō Daigaku Shuppankai.

Yokota Kenichi

1988 Ōnamesai seiritsu jidai hosetsu (Additional explanation for the age of the establishment of the *ōnamesai*). In *Zusetsu tennō no sokuirei to ōnamesai*, H. Yamamoto, M. Satō, and Staff, eds., 27–29. Tokyo: Shinjinbutsu Ōraisha.

Yoshida Shūji

1992 Shimpojūmu idengaku ga shimeshita saibai ine no kigen (The origin of the rice plant as identified through genetic analysis). *Minpaku* 16(6): 18–19.

Yoshida, Teigo

1981 The Stranger as God: The Place of the Outsider in Japanese Folk Religion. *Ethnology* 20(2): 87–99.

Yoshimura Takehiko

1986 Shihō to kōnō (Service and tributes). In *Nihon no shakaishi* (Social history of Japan), 8 vols. N. Asao, Y. Amino, K. Yamaguchi, and T. Yoshida, eds. 4:13–54. Tokyo: Iwanami Shoten.

Yoshino Hiroko

1986 *Daijōsai: Tennō sokuishiki no kōzō* (The *Daijōsai*: The structure of the imperial accession ritual). Tokyo: Kōbundō.

Yu-Lan, Fung

1948 *A Short History of Chinese Philosophy*. New York: MacMillan.

Zimmermann, Francis

1987 [1982] *The Jungle and the Aroma of Meats*. Berkeley: University of California Press.

索 引

页码为原书页码，参见本书边码

B

C

D

G

I

J

K

L

M

N

O

R

T

V

W

Y

Z

再版后记

本书中译本出版后，受到学界广泛的关注，深得读者的喜爱。在许多高校被列为本科生和研究生的必读书目。另外，许多热心的读者也提出了宝贵的意见，在此向广大的读者致以最热忱的谢意！值此商务印书馆再版本书之际，参考读者的意见，对错误之处作了修订，并补充了插图。校对如秋天扫落叶，不当之处仍需读者批评指正！

石　峰

2021 年 9 月 12 日于贵阳照壁山

图书在版编目(CIP)数据

作为自我的稻米:日本人穿越时间的身份认同/(美)大贯惠美子著;石峰译.—北京:商务印书馆,2022
ISBN 978-7-100-20861-1

Ⅰ.①作… Ⅱ.①大… ②石… Ⅲ.①大米—民族社会学—象征人类学—研究—日本 Ⅳ.①TS212.7 ②K313.03

中国版本图书馆CIP数据核字(2022)第050872号

作为自我的稻米
——日本人穿越时间的身份认同
〔美〕大贯惠美子 著
石峰 译

商 务 印 书 馆 出 版
(北京王府井大街36号 邮政编码100710)
商 务 印 书 馆 发 行
北 京 冠 中 印 刷 厂 印 刷
ISBN 978-7-100-20861-1

2022年6月第1版　　开本 880×1230 1/32
2022年6月北京第1次印刷　　印张 7½
定价:48.00元